네오알키미스트

새로운 물질을 창조하는 과학적 원리

한승전

S&M 미디어(주)

네오알키미스트

새로운 물질을 창조하는 과학적 원리

한승전

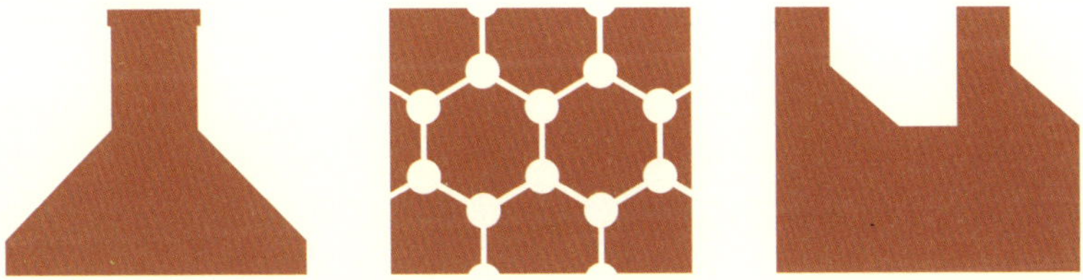

S&M 미디어(주)

책머리에

전작 '모던알키미스트'를 집필하고 나서 생활패턴이 조금은 변했다. 재미있는 방송이나 책을 접할 때면 그 내용을 다시 조사해 보고 더 쉽게 이해하려는 습관이 생긴 것이다. 그리고 또 하나 변화된 점은 중 · 고등학교 과학 강연을 제법 다니게 되었다. 파릇파릇한 학생들에게 강연을 하면서 과학적 원리는 알 면 알수록 더 새롭고 재미있다는 것과 새로운 지식이 쌓이는 것은 이렇게 즐겁다는 것을 남들에게도 알려주고 싶었다.

그러던 중, 국내 굴지의 과학 월간지 편집장이 내 책을 읽고 새롭게 개발된 물질과 그 과학적 원리를 6개월간 연재해달라고 의뢰 했다. 흔쾌히 수락하고 편집기자와 전화 또는 메일로 원고를 다듬는 과정은 또 다른 즐거움이었다. 그리고 기자들과 함께 다양한 과학 분야에 대한 토론과 학생들로 하여금, 과학적 사고를 가지게 하고 지금의 공부가 사실은 매우 즐거운 것이라는 사실을 어떻게 하면 알게 할까 하는 토의도 매우 즐거웠다. 이 과정이 이 책을 쓰게 한 결정적 이유의 하나이다.

내가 과학자가 된 것은 전작의 책머리에도 밝힌 바가 있지만 미국 코넬대 천문학자인 칼 세이건이 지은 코스모스라는 책을 읽고 감동을 받았기 때문이다. 당시 방영된 동명의 다큐멘터리도 역시 감동을 주긴 충분했고 그 신비감에 과학에 관심을 가졌었다. 그리고 과학자의 꿈을 가지고 카이스트에 입학한 후, 여러 학우들과 이런저런 포부와 어릴 적 꿈을 얘기할 때도 내 인생의 책인 코스모스와 다큐멘터리 코스모스가 나 이외의 친구들에게도 과학자가 되고 싶다는 꿈을 갖게 했다는 것을 알았다. 한 권의 책, 한 편의 드라마나 영화가 어떤 이의 인생을 바꿀 수도 있다는 말을 정말로 실감했다.

지금은 너무 많은 정보가 넘쳐나는 세상이어서 많은 사람들이 어디에서 감동을 받고 무슨 꿈을 가질지, 설마 인생을 살면서 한 번도 감동을 받지 않으면서 살아가는 것은 아닌지, 정말로 생각하는 것이 중요한 시기인데도 불구하고 지금의 교육환경 때문에 책을 읽을 시간이 없는 것인지 살며시 걱정이 되기도 한다. 책을 많이 읽는 편인 나는 소설도 좋아하고 교양과학책도 매우 좋아한다. 특히 교양과학책을 읽을 때 줄을 긋고 거기에 여러 가지 비유를 들어 빨간색 또는 파란색 볼펜으로 메모하는 습관도 가지고 있다. 이렇게 정성 들여 읽는 책들은 공통점이 있는데, 너무 재미있거나 원리를 너무 정확하게 기술해 감동을 주는 책들이다. 그렇다. 책이던 영화이던 뭐든지 감동을 받아야 재미있다. 과학은 이론과 현상을 아우르는 원리가 기술될 때 감동을 준다. 특히 분야에 상관없이 모든 현상이 같은 원리로 연결되었다는 사실을 깨달을 경우, 과학이 주는 감동과 재미를 느낄 것이다.

7개의 장으로 구성된 이 책은 언뜻 보면, 천체, 물질 그리고 생물을 기술하여 정체를 알 수 없을지 모른다. 그런데 모든 내용들이 하나의 원리로 연결되었다는 것을 빨리 깨닫는 독자들도 있을 것이다. 영민한 고등학생부터 일반인 그리고 심지어는 전공자들도 부담 없이 읽을 수 있도록 전체적인 내용은 고등학교 과학 교과과정의 수준을 넘지 않도록 나름 주의했다.

사람들이 생각을 많이 하면 왜 그런 상황이 되어야 했을까 하는 의문을 가지게 된다. 과학은 특히 많은 생각과 의문을 필요로 하는 분야이다. 도대체 이 현상은 왜, 어떻게 일어나게 되었는지 그리고 그 결과를 어떻게 이용했는지 짚고 넘어가면 과학의 재미가 배가될 수 있다. 이 책의 초고를 다듬는 과정에서 카이스트 후배이자 물리학 박사인 동료 연구원에게 물리적 원리에 대한 감수를 부탁했다. 초고의 한 문장 "항성인 태양에 비해 턱도 없이 작은 크기의 천체를 우리가 볼 수 있는 이유는 이 들이 태양의 빛을 반사하기 때문이다."의 예를 들면서 그녀는 이렇게 말했다. 작은 천체가 반사한 빛을 보는 데 있어서 중요한 인자는 거리가 아닌가요?라고 내게 반문했다. 그 논리적 사고에 깜짝 놀란 나는 그 문장을 "항성인 태양에 비해 턱도 없이 작은 크기의 천체를 우리가 볼 수 있는 이유는 이 들이 지구에 근접해 있고 태양의 빛을 반사하기 때문이다."로 수정했다. 그렇다. 원인과 결과를 정확하게 결부시켜 표현해야만 다른 사람이 모두 인정할 만한 과학적 서술이 되는 것이다. 일반적으로 꼼꼼하다고 표현될 수 있는 이러한 과학적 사고방식은 글쓰기뿐만 아니라 공부, 일 그리고 취미에도 똑같이 도움이 된다. 이러한 사고방식이 책에서 읽힐 수 있도록 책 전반을 살피고 여러 번 고쳤다. 따라서 이 책은 나 혼자만 쓴 것이 아니라 여러 전문가와 논리적 사고로 무장한 전문가의 조언을 토대로 집필했다. 이 책을 읽는 독자들은 오래 남는 지식이 시나브로 쌓이고 과학적 사고방식도 저절로 배우게 될 것이다.

아직은 연구를 업으로 삼는 과학자지만 희한하게 모르는 것이 아는 것보다 점점 더 많아진다. 그렇지만 그것을 점차 알아가는 것이 생각보다 재미있어서, 모르는 것이 많다는 것이 오히려 행복한 기분이 든다. 과학적 사고를 이용하여 모르는 것을 아는 것으로 바꾸는 과정이 매우 재미있다는 것을 많은 사람들과 공유했으면 하는 생각에서 이 책을 썼다. 물질과 재료의 세계와 그 안에 숨어있는 원리가 모든 것을 다 연결하고 있다는 것을 깨닫고 우리 주위에 있는 모든 것에는 과학적 원리가 숨어있다는 것을 느꼈으면 하는 바람이다.

2023년 12월 10일

한 승 전

추천사

몰입아카데미 대표 황 농 문

내가 기억하는 한승전 박사는 항상 싱글벙글한 표정을 지으며 재료 분야에서 가장 재미있는 실험 결과를 얻은 것처럼 흥분하면서 자랑하는 모습이다. 나를 만나면 장소가 어디가 되었건 주저 없이 바로 패드를 꺼내서 최근에 얻은 실험 결과를 열정적으로 설명한다. 자신이 연구하는 모든 결과를 신기해하고 재미있어하는 호기심 많은 연구자이다. 실제로도 그는 재료 분야에서 수많은 주목할 만한 남다른 성과를 얻었다.

이 책을 읽는 내내 자연에 관한 그리고 물질에 관한 그의 끊임없는 열정과 호기심이 오버랩되었다. 그는 물질과 관련된 모든 현상을 'why?'와 'how?'의 관점으로 집요하게 파헤친다. 예를 들면 한동안 세상을 떠들썩하게 했던 코로나바이러스에 대해서도 침입, 복제, 변화 과정이 어떻게 일어나는지 그리고 바이러스가 어떻게 호스트 세포에 침입하고 자신을 복제하는지, 어떤 변화를 겪는지에 대해 상세하게 파헤친 후 이러한 이해를 바탕으로 바이러스의 복제와 확산을 어떻게 막을 수 있는지에 대해 설명한다. 누구라도 이 글을 읽으면 코로나바이러스에 대한 궁금증이 말끔히 해소되고 전문가의 식견을 갖게 될 것이다.

카이스트에서의 경험을 바탕으로, 저자의 과학에 대한 호기심과 열정 그리고 깊은 통찰력이 이 책의 모든 페이지에 생생하게 녹아있다. 과학을 더 깊이 이해하고 사랑하게 만드는 데 필수적인 작품으로, 과학적 원리에 대한 깊은 이해를 독자들에게 전달하며, 과학에 대한 사랑을 일깨워 준다. 왜냐하면 과학을 단순히 암기의 대상으로 취급하지 않고, 그 원리를 깊이 이해하고 탐구해야 할 중요한 학문으로 제시하기 때문이다. 이 책은 독자들에게 과학의 원리를 깨달을 수 있는 기쁨을 선사함과 동시에 저자의 호기심을 전염시킬 것이다.

추천사

(사)대한금속·재료학회회장 **이 재 현**

이 책의 작가인 한승전 박사를 알고 지낸지 거의 25년이 지났다. 재료연구원에 근무할 당시 내 연구실의 옆방에 새롭게 입소한 연구원이 바로 그였다. 시간이 흘러 나는 대학으로 자리를 옮겼지만 한승전 박사와 연이 끊어지지 않고 지금까지 여러 분야에서 계속 일을 같이 하고 있다. 여러 곳에서 그의 강연과 발표를 들어본 후의 느낌은 참 발표를 잘하는 사람이라는 것이다. 그리고 간혹 저렇게 강연하는 내용으로 책을 쓰면 좋겠다고 생각했는데, 마치 내 마음을 읽을 것처럼 그는 책을, 그것도 전공 서적은 말할 필요도 없고, 교양 과학서적을 두 권이나 출판했다. 일에 쫓겨 시간 낼 엄두도 내지 못하는 나로서는, 그는 도무지 이해가 되지 않는 사람이었다. 프로젝트도 잘 수행하고 좋은 결과를 계속 도출해 왔다. 그런데 그 많은 영화와 드라마들은 언제 보고 게다가 책을 언제 읽어서 대화 중에 빛나는 상식과 지식을 어떻게 습득하는 것인지 매우 궁금했다. 게다가 한승전 박사는 기억력도 매우 좋고 일의 효율이 매우 높은 사람이다.

그런데 그의 기억력과 높은 효율이 어디서 근원 되는지 이 책을 읽고 나면 이해가 된다. 그의 사고전개 방식은 언제나 규칙이 있다. 어떤 결과는 필히 그에 대한 원인이 있고, 왜 그러한 일이 일어나게 됐는지를 설명한다. 과학적 현상을 무턱대고 외우는 방식이 아니라 꼭 제일 기본이 되는 이유 또는 원리가 무엇인지 밝히는 것이다. 이 책은 그의 박학다식함을 자랑하는 것이 아니라 현상과 결과가 어떠한 규칙을 가지고 발생하고 그것에 숨어 있는 원리를 설명한 것이다.

재료를 가지고 일반인을 상대로 쉽게 기술한 책은 국내에 거의 출판이 되지 않은 것으로 알고 있다. 그럼에도 불구하고 그의 책은 매우 쉽게 집필되어 있다. 다양한 물질과 재료가 어떻게 이루어지고 그것이 어떠한 원리로 그리고 왜 변화되는지 이렇게 쉽게 기술한 책은 절대 없다고 자부한다. 그리고 책을 끝까지 읽고 나서 느낀 감정은 이 책이 물질과 재료에 국한되지만 않는다는 것이었다. 어떻게 전혀 다른 물질이 하나의 원리로 다 설명이 될 수 있는지 그의 서술능력에 찬사를 보낸다. 잠시 쉬는 시간에 읽어나 볼까 하는 마음에 그의 원고를 잡았는데, 재미가 있어서 순식간에 읽어버렸다.

물질과 다양한 재료를 연구하는 사람들의 모임, 약 1만 8천 명의 회원으로 구성된 대한 금속·재료학회장으로서 이 책을 국민에게 소개하고 싶다. 또한 과학 과목에 관심을 가진 학생들과 상식을 높이고 싶은 일반인들에게도 추천하고 싶다. 그리고 모든 과학은 서로가 간단한 원리로 연결되어 있다는 사실을 알리고, 그것이 생각보다 재미있다는 것을 알려준 한승전 작가에게 감사를 드린다.

추천사

한국재료연구원 원장 **이 정 환**

막 탄생한 우주에는 단지 수소(H)와 헬륨(He)밖에 존재하지 않았다. 이들 재료의 융합으로 더욱 복잡한 원소가 만들어져, 어느새 우주의 여러 물질이 구성되는 커다란 변화가 생기기 시작했다. 그러니까 우주의 역사는 물질의 역사와 관련이 깊다고 보는 게 맞다. 저자가 과학자를 꿈꾸게 했던 칼 세이건의 명저 '코스모스'는 우주와 더불어 인류의 삶을 이야기하는 책이기도 하다. 1980년 출간된 이 책은 우주의 탄생부터 현재까지의 변화 과정을 친절한 설명으로 다룬다. 단순히 우주 이야기만 하는 게 아닌, 우리 인간의 관점에서 미약하지만, 우주를 어떻게 받아들이고 우리 삶을 어떻게 가져가야 하는지를 설명하고 있다고 할 수 있다.

이 책 '네오 알키미스트'는 이와 참 유사한 이야기를 펼친다. 마치 물질의 우주에 깊숙이 발을 내디딘 느낌이랄까. 우리가 살아가며 알아야 할 물질에 관해 이야기하고, 이를 통해 우리가 살아가며 반드시 가져야 할 꿈을 함께 이야기한다. 저자의 말처럼, 지금은 너무 많은 정보가 넘쳐나는 시대이다. 모든 걸 다 담을 수 없다면, 내게 어떠한 것이 필요한지 이를 빨리 구분할 줄 알아야 한다. 이중 물질은 과학을 꿈꾸는 이라면 꼭 이해하고 알아야 할 분야이다. 물질에서 비롯된 재료는 우리가 눈으로 보고 귀로 듣고 마음으로 이해하는 모든 과정을 포함하는 우주 전체의 이야기이기 때문이다. 물질과 재료를 이해할 수 있다면 우주와 과학의 신비를 슬기롭게 헤쳐나갈 수 있을 것이다.

이와 같은 과정을 거치기엔 책은 가장 좋은 도구가 아닐 수 없다. 쉬운 단어와 익숙한 표현으로 내 눈과 귀, 그리고 입은 물론, 손가락 전체에 스며드는 촉감으로, 몰랐던 내용을 알아가는 이 과정은 짜릿하기 그지없는 경험이다. 저자는 '모던알키미스트' 집필 이후, 여러 강연을 통해 학생들과 다양한 과학 분야를 이야기하고 토론한 것이 매우 즐거웠다고 말했다. 과학적 사고가 무엇인지 알려주고 이를 통해 공부의 즐거움까지 함께 전달한 건 많은 도움이 되는 부분이다. 나 또한 이 책을 통해 행복할 수 있어 참으로 감사하다. 이 책은 전작인 '모던알키미스트'에 이어 새로운 재료의 흐름을 안내하는 훌륭한 양서가 아닐 수 없다. 우주를 통해 물질을 이야기하고, 재료를 통해 인간까지 함께 이야기하니 말이다. 그 속에는 아주 커다란 삶의 의미까지 내포하고 있어 더할 나위 없는 기쁨을 준다. 이러한 저자의 수고와 노력에 깊은 감사를 표하며, 이 순간 과학을 꿈꾸며 여전히 삶을 지탱하고 있는 모든 분에게 이 책을 권한다.

추천사

과학동아 편집장 **이 영 혜**

2023년 7월 전 세계 과학계의 관심이 한국에 집중됐습니다. 상온 상압 초전도체를 개발했다고 주장한 'LK-99' 논문 덕분이었습니다. 해당 이슈를 기사로 다루기 앞서 가장 먼저 찾아본 건 '네오알키미스트'의 저자, 한승전 박사님의 초전도체 글이었습니다. 초전도 현상을 설명하는 유력한 이론인 'BCS 이론'을 단언컨대 국내에서 가장 잘 말해줄 사람이 그라고 생각했기 때문입니다.

BCS 이론은 전자가 쌍으로 움직이며 잘 이동하면 저항이 0인 초전도 현상이 만들어진다는 이론입니다. 사실 이 정도의 설명은 여느 책에나 나와 있습니다. 그의 책은 두 가지 측면에서 더 특별합니다. 먼저 책의 부제처럼 새로운 물질을 창조하는 '과학적 원리'에 천착합니다. 단순히 전자쌍을 설명하는 것이 아니라, 음의 전하를 가진 전자들이 어떻게 서로 밀어내지 않고 쌍을 이룰 수 있는지 원리부터 짚습니다. 그리고 전자쌍이 만들어질 때 원자핵과 전자의 움직임을 역학의 가장 기본 공식인 'F=ma'로 풀어냅니다. 그의 이런 설명을 보고 솔직히 감동했습니다. 대학에서 전자공학을 전공하고 과학기사를 십수 년 써왔지만 초전도체 이론을 처음으로 제대로 이해한 기분이었거든요.

또 다른 특별한 점은 이 책이 시각자료를 매우 사랑한다는 점입니다. 과학의 세계는 대단히 작거나 거대해서 눈에 보이지 않는 경우가 많습니다. 이것을 그림 또는 사진으로 정확하게 표현하기란 정말 어렵습니다. 그런데 그 어려운 일을 필자가 해냅니다. 앞에서 언급한 초전도 물질뿐만 아니라 초인성, 초탄성, 초자성 등 다양한 초재료들이 어떻게 그와 같은 초월적인 물성을 나타내는지 원자 수준에서 직접 그려냈습니다. 책 곳곳에 보석처럼 박힌 그의 그림 설명들을 보면 지금까지 알던 과학 원리를 더 새롭게, 깊이 이해할 수 있을 겁니다. 그리고 마지막엔 이런 원리들이 모두 연결돼 있다는 걸 깨닫고 과학의 진정한 재미를 느끼게 될 겁니다.

그래서 저는 이 책을 과학자가 되고 싶은 청소년 독자들에게 추천하고 싶습니다. 현상의 이면에 어떤 과학적 원리가 숨어있는지 끝없이 파내려 가길 좋아하는 독자들에게 이 책이 큰 즐거움이 될 것입니다. 또한 좋은 연구자가 되려면 어떤 노력을 해야 하는지, 재료 분야 최상위권 연구자의 실질적인 조언이 책 전반에 녹아 있습니다. 청소년 독자 여러분들이 연구자로 성장하는 데 귀한 자양분이 되리라 확신합니다.

차례

제5장 열과 전기는 흐른다

제6장 강함과 질김

제7장 도전과 응전

N E O A L C H E M I S T

제1장

별들의 전쟁

Ⅰ. 우주에 존재하는 매우 큰 물질

Ⅱ. 물질의 탄생

Ⅲ. 별을 만들다

제1장 별들의 전쟁

1-1 우주에 존재하는 매우 큰 물질

전 세계 누구라도 들어봤을 프랑스 동요, 작은 별은 다음과 같이 가사가 시작된다. "반짝반짝 작은 별…", "Twinkle, twinkle, little star.", 가사가 앙증맞기도 하다. 과학에 의해 밝혀지는 진실은 가끔 동심을 파괴하기도 한다. 그렇지만 아이들도 커가며 진실을 알아야 하니, 별이 무엇인지 정확하게 알아보자.

밤하늘에 펼쳐진 별들은 반짝이는 귀여운 물체가 아니라 대개 우리 태양과 유사하거나 더욱 거대한 크기를 가진 항성이다. 우리가 별이라 일컫는 태양계 바깥의 항성들은 태양과 같이 핵융합 반응을 통해 자기가 직접 빛을 생산한다. 그런데 태양계내

금성, 화성, 목성 그리고 토성과 같이, 항성인 태양에 비해 턱도 없이 작은 크기의 천체를 우리가 볼 수 있는 이유는 이 들이 지구에 근접해 있고 태양의 빛을 반사하기 때문이다.

이와 같이 빛을 생산하지 못하는 천체를 행성(Planet)이라고 한다. 즉 자신이 핵융합반응을 통해 열과 빛을 발하는 것을 항성(恒星, star), 그렇지 않은 천체는 행성(行星, planet)이라고 구분하는 것이 일반적이다.

행성은 우주에 떠다니는 물질 또는 수명이 끝난 항성의 잔재물이 거대한 중력에 이끌려 뭉쳐진 후 공전하는 천체를 의미한다. 그리고 항성이 아닌 행성을 중심으로 공전하는 달과 같은 천체를 위성(衛星, satelite) 이라고 한다.

이외에도 가끔 지구 근처에 나타나 아름다운 빛의 꼬리를 보여주고 저 멀리 사라지는 혜성(彗星, comet)이 있다. 이들은 태양계 행성에 비해 왜곡된 공전궤도를 가지고 그 주기 역시 수 십 년에서 수 천만년으로 다양하다. 현재까지 관찰된 혜성의 수는 5,000개에 육박한다고 하니 혜성은 정말 많기도 하다.

그리고 우리가 말하는 소행성이라는 천체는 행성과 같은 대기는 존재하지 않고 직경이 200㎞ 이하의 작은 천체를 의미한다. 태양계 생성초기 행성이 되지 못한 천체의 조각 또는 다른 천체끼리의 충돌에 의한 파편이라 할 수 있다. 조지 루카스의 스타워즈나 드라마 스타트랙에 가끔 항성을 파괴하는 무기가 출연하기도 하는데, 다음 글들을 마저 읽어본다면 정말 인간이 상상할 수 있는 범위는 정말 크다는 것을 느낄 수 있을 것이다.

잔잔한 밤하늘을 바라보노라면, 문득 별들의 색이 다르다는 것을 알 수 있다. 빛의 세기가 변하는 항성인 변광성(變光星, variable Star)도 더러 있긴 하지만 우리가 보는 별의 반짝거림은 지구에 대기권이 있기 때문이다. 공기는 빛을 굴절시키는데, 어디 공기가 가만히 있을 수 있으랴!. 몇 년, 몇 백 년 우주 공간을 주파한 빛은 지구의 대기에 존재하는 공기 입자에 부딪혀 그 진행 방향을 여기저기로 바꾸고, 우리 눈에 들어오는 광자의 수가 일정하지 않기 때문에 반짝거린다. 그래서 바로 머리 위의 있는 별과 지평선이나 수평선 근처의 별들은 반짝거리는 정도가 다른데, 여기서 답을 벌써 알아차린 영민한 독자도 있을 것이다.

그렇다. 지평선이나 수평선에서 보이는 별들은 빛이 대기를 지나는 길이가 머리 위의 별에 비해 더 길기 때문에 더 반짝거린다. 만약 공기가 없는 달에서 별들은 어떨까? 결론부터 말하자면 달에 사는 사람들은 동요 '작은 별'에 반짝 반짝이란 표현을 절대 사용하지 않았을 것이다. 달에서 보는 별은 반짝이지 않는다.

별의 색깔은 생각보다 매우 큰 의미를 가지고 있다. 빛은 파동(Wave)이다. 즉 진동수(주파수, frequency, 1초당 같은 위상을 가진 파동의 지점이 반복되는 수)와 파장(Wave length, 파동에서 같은 위상까지의 길이)을 가지고 있다. 진동수나 파장은 물리적으로는 같은 의미를 갖는다.

주파수는 파장분의 일, 파장은 주파수분의 일이기 때문에 하나가 정해지면 무조건 다른 하나도 정해진다. 우리가 볼 수 있는 가시광선은 빨, 주, 노, 초, 파, 남, 보라색을 가진 파동이 섞여 있다. 빨간색의 파장은 780nm 그리고 보라색의 파장은 380nm 남짓된다. 그런데 여기서 중요한 것은 파장이 짧을수록 광자의 에너지는 크다는 것이다. 즉 빛이 파란색이나 보라색을 띨수록 에너지는 크다. 우리가 아는 온도는 '물질이 가지고 있는 에너지의 정도'라고 정의할 수 있다. 노랑과 주황색을 띠는 태양의 표면온도는 약 6,000도이고 중심부는 천 오백만도에 육박한다.

그렇다면 파란색을 띠는 별의 온도는 도대체 몇 도 이길래? 의문이 든다. 예상대로 푸르스름한 빛을 띠는 스피카의 표면온도는 약 1만 8000도이다. 데네브, 견우성 그리고 직녀성은 흰색에 가까운데 그 들의 표면온도는 1만도 내외라고 알려져 있다. 붉은색으로 빛나는 안타레스의 표면온도는 대략 3000도라고 한다. 즉 별은 표면 온도가 높아질수록 붉은 색에서 푸른색을 띤다. 우리가 바라보는 별들의 표면온도는 2,000도에서 수만 도에 이르기까지 매우 다양하다.

1-2 물질의 탄생

지구의 대기에 의해서지만 반짝인다는 것은 별, 즉 항성(Star)이 빛을 내기 때문이다. 쇳덩이를 가열하면 빨갛게 달구어진다. 열을 가하면 쇳덩이 내 원자들은 가만히 있지 못하고 격렬하게 진동하고 전자와 빛을 방출한다.

그리고 쇳덩이의 온도가 더 올라가면 전자와 빛을 더욱 많이 방출한다. 온도를 더 올리게 되면 쇳덩이를 구성하고 있는 원자간 결합이 끊어져 원자들이 자유롭게 움직이는 상태가 된다. 즉 쇳물이 된다.

방송에서 포스코, 풍산과 같은 회사에 대해 방송할 때면, 펄펄 끓는 쇳물을 틀에다 붓는 장면이 단골로 등장한다. 대장장이 또는 금속 전문가들은 색을 이용해 온도를 알아내곤 하는데, 온도에 따라 빛(전파)의 파장이 변화하기 때문에 작열하는 금속에서 방출하는 전파의 파장을 분석하여 온도를 측정하는 장치를 만들어 냈다. 그래서 옛날의 대장장이처럼 수십 년의 경험을 갖추어야만 달구어진 쇳덩이의 온도를 정확하게 알아낼 수 있는 것과 같이 드라마틱한 요소가 지금은 사라졌다.

갓 입사한 신입사원에게 파이로미터(pyrometer, 전파를 이용한 온도측정 장치)를 손에 쥐어주고 용탕의 온도를 재어오라고 한다면 주조공장이 아무리 넓고 가열로가 아무리 많아도 금세 표로 정리할 수 있다. 비록 오랜 시간을 들여 고생해서 발견한 노하우들은 과학적 원리를 정확하게 이해하면 누구나 그 내용들을 빠른 시간 내에 따라잡을 수 있다. 과학적 지식을 쌓는 것은 재미있을뿐더러 매우 유용하다는 것을 명심해야 한다.

그런데 별의 온도는 인간이 만들 수 있는 영역이 아니다. 태양의 내부온도는 1500만 도에 육박한다고 이전에 언급하였듯이 빛과 전자를 방출하는 것 이외에 더 큰 일을 한다. 그것은 바로 핵융합 반응이다.

우리가 보는 별들은 핵융합 반응을 통해 끊임없이 새로운 원소(원자)를 만들어 낸다. 우주에 있어서 작은 항성 측에 드는 우리 태양은 매초 양성자(수소 원자핵) 3.6×10^{38}개가 핵융합하여 헬륨을 만들어 낸다. 초당 430만톤에 이르는 수소 원자핵이 헬륨으로 변하는 과정에서 3.8×10^{26} 와트(Watt, 4.2 Joul)의 에너지를 내뿜는다. 1와트는 대략 100그람 정도의 물체를 1미터 정도 들어 올리는 에너지라고 할 수 있으니 태양이 방출하는 에너지가 얼마나 큰 지 알 수 있다.

1억 5천만 킬로미터 떨어진 우리 지구는 태양의 에너지로 모든 생물이 살아간다. 만약 태양이 석탄으로 만들어지고 연소에 의해 열과 빛을 공급했더라면 겨우 수 천년의 수 명밖에 가지지

만년의 아인슈타인, 아인슈타인이 세계적으로 유명해진 1919년 개기일식. 1915년 11월 발표된 일반상대성 이론은 큰 중력이 시공간을 구부린다는 개념을 포함한다. 직진하는 빛이 큰 중력을 가진 태양에 의해 휘어진다는 것을 일식으로부터 증명되었다. 이 관측이 런던타임스에 의해 대서특필되어 전 세계인이 아인슈타인을 알게 되었다.

못했을 것이다. 그만큼 화학연소와 핵융합에 따른 에너지 배출은 그 레벨이 다르다. 우선 왜 이런 에너지가 방출되는 것인가? 그 해답은 인류 역사 이래 최고의 천재라 일컬어지는 두 사람 중의 하나인 알버트 아인슈타인이 내놓았다. 요즘에는 젊은이들이 입고 있는 티셔츠에도 그 식이 적혀있는 것을 가끔 보는데 필자도 사서 입고 다니고 싶다.

바로 그 유명한 에너지는 엠씨제곱이라고 자주 불리는 특수 상대성이론의 결과이다.

$$E = mc^2$$

여기서 E는 에너지, m은 질량 그리고 c는 광속(2.99792458 × 10^8 m/sec, 약 초속 30만 킬로미터)이다. 이 식이 갖는 매우 중요한 의미는 에너지와 질량은 등가라는 것이다.

무슨 뜻인지 간단하게 설명하면 에너지가 질량도 될 수 있고, 질량이 에너지로 될 수 있다는 뜻이다. 광속은 정해져 있으니 광속의 제곱배만큼 질량이 에너지로 변환될 수 있단 말이 된다.

계산기를 들고 1g의 질량이 몇 주울(J, joule)이 에너지 즉 열로 변화하는지 계산해 보자. 1J은 물 1g을 0.24도 올릴 수 있는 에너지(1cal 는 물 1g을 1도 올린다. 1cal = 4.184J)를 의미하니, 놀랍게도 1g의 질량은 22만 톤의 물을 0도에서 100도로 올리는 열과 같다. 우리가 알고 있는 원자폭탄 그리고 수소폭탄은 핵분열과 핵융합을 일으켜 막대한 폭발력을 발생시키는 무기이다.

핵분열은 한 원소가 다른 두 원소로 변하는 것을 말하고, 핵융합은 한 원소 또는 몇 개의 원소가 합쳐져 다른 원소로 변하는 것을 말한다. 여기서 어마어마한 일이 발생하는데, 우선 우리가 흔히 볼 수 있는 산화와 환원과 같은 화학반응 전후의 질량은 절대로 유지된다. 즉 우리가 익히 알고 있는 질량보존의 법칙이 적용된다. 그런데, 핵분열과 핵융합은 반응 전에 비해 총질량이 감소한다. 이 질량은 도대체 어디로 갔을까? 그렇다. 질량이 에너지로 변한 것이다. 사라진 질량의 제곱만큼 곱해야 하니 그 에너지는 일반 화학반응으로 절대 발생시킬 수 없는 크기이다. 즉 핵분열 시 단숨에 에너지가 방출하는 것이 원자폭탄, 서서히 에너지가 방출되는 것이 원자력 발전인 것이다. 우라늄이 핵 분열 시 발생하는 질량감소에 비해 중수소의 핵융합에 의한 질량감소가 크다. 따라서 수소폭탄의 위력이 원자폭탄보다 수십 배 이상 큰 것이다.

스스로 빛나는 별, 즉 항성은 그 어마어마한 중력(압력)과 고온의 힘을 빌어 물질의 핵융합이 일어나면서 새로운 원소를 만드는 공장이라 할 수 있다. 이때 일어나는 질량 감소가 빛과 열을 방출한다. 우리가 보는 평범한 밤하늘의 별은 인간이 만든 최대 위력의 수소폭탄보다 수백억 배 이상의 에너지를 매초 발산하고, 별의 빛과 열이 먼 우주를 건너 우리 지구까지 도달하는 것이다.

우리가 아는 모든 물질은 우주로부터 생성된 것이다. 태초의 우주는 무한한 에너지가 한 점에 집중되어 대폭발(빅뱅, Big Bang)이 일어났고, 이때 에너지는 질량으로 변했다. 그런데, 물리학자들은 고도의 계산 끝에 빅뱅시 발생한 에너지만으로는 주기율표상 Fe까지만 생성시킬 수 있다는 것을 계산해 냈다. 우리 태양이 수소 원자핵을 이용해서 만들어내는 새로운 원소는 헬륨 그리고 산소가 고작이다. 질량이 더욱 큰 별은 어마한 중력으로 인해 고온, 고압이 형성되고 탄소, 네온, 산소, 규소 그리고 철까지도 만들어 낼 수 있다. 그렇다면, 도대체 철보다 무거운(원자번호가 큰) 원소는 언제 어디서 만들어지는 것인가?

〈표〉 핵융합반응이 일어날 수 있는 온도

핵반응원료	주 생성원소	반응온도 (℃)
수소	헬륨	1000~3,000만
헬륨	탄소	2억
탄소	네온, 마그네슘, 나트륨	8억
네온	산소, 마그네슘	15억
산소	실리콘, 인, 황	20억
마그네슘, 실리콘, 황	철 부근의 무거운 원소	30억

여기까지 읽은 독자들 중 어렴풋이 뭔가 떠오르는 것이 있는 이들도 있을 듯하다. 질량이 매우 큰 별(항성)은 중력도 온도도 더욱 높다. 어마어마한 질량은 큰 중력을 야기해 별은 수축하게 되고, 설상가상 내부의 압력과 온도가 더 높아져 심지어 수백억도 이상까지 뜨거워진다. 이때 철보다 무거운 금, 은, 텅스텐, 그리고 우라늄 등과 같은 원소들이 핵융합으로 인해 탄생된다.

그런데 너무나 무거운(질량이 큰) 별은 그 에너지를 견디지 못하고 폭발한다. 태양 질량의 1.4배 이상은 신성(Nova), 그리고 10배 이상의 큰 별은 중심부터 폭발하여 산산조각이 나는 초신성(Super nova) 폭발을 발생시킨다.

우주가 처음 만들어진 순간, 우주에 수소와 헬륨밖에 없었지만 그들이 모이고 뭉쳐져 별이 만들어졌다. 별이 만들어질 때, 고온과 고 중력으로 인해 핵융합이 일어나 여러 가지 원소가 만들어졌다. 그리고 무거운 별은 신성 그리고 초신성과 같은 거대한 폭발로 새로운 원소를 온 우주에 흩뿌렸다. 이들은 다시 뭉쳐져 별과 행성이 되었다.

우리 지구도 초신성 폭발로 우주에 뿌려진 금, 몰리브데넘, 텅스텐 그리고 우라늄 같은 원자가 다시 모인 장소이다. 초신성은 수천억 개의 수소폭탄이 동시에 터지는 것보다 수천억 배 이상의 파괴력을 자랑한다. 초신성 폭발의 영향은 반경 수백광 년의 영역을 초토화시킨다. 태양으로부터 지구까지 거리를 빛은 대략 8분 정도에 주파하므로 0.000015광년으로 계산된다. 초신성 폭발을 일으킬 수 있는 별이 지구, 아니 태양계 근처(?)에 없어서 다행이다.

궁금증을 해결하거나 새로운 지식을 얻기 위해서라면 끊임없이 생각하는 과학자들이 우수의 물실이 어떻게 만들어졌는가에 대한 새로운 시각을 제시한다. 주기율표상의 중금속이 주로 초신성 폭발로 생성되었다는 것 이외에도 다른 천체로부터도 만들어진다는 것이다. 2021년 매사추세츠 공대와 뉴햄프셔 대 공동연구팀은 중성자별의 충돌과정에서 중금속 원자가 생성될 수 있다고 발표했다. 이 들은 시뮬레이션을 통해 중성자별이 충돌하면서 생성된 금의 양은 지구 질량의 몇 배 수준이라는 것과 중성자별끼리의 충돌이 무거운 원소를 생성하는데 더욱 효율적이란 연구결과를 발표했다.

지구 몇 배 질량의 금이라니! 중성자별끼리 충돌한 다음 우리 지구가 생성됐더라면, 우리가 사용한 밥그릇은 모두 금으로 만들어졌을 텐데…. 녹이 슬지 않은 금은 주기율표상 모든 금속 중 전성(Malleability)이 가장 높아 단조가공(두드려서 펴는 가공)으로 원하는 형태를 쉽게 만들 수 있기 때문이다. 싼 금을 반지나 장신구로 만들 사람은 없을 테니 말이다.

1-3 별을 만들다

빅뱅으로부터 생성된 원자들은 우주 공간을 헤매다 그들의 질량이 내뿜는 중력으로 함께 뭉쳐져 별이 되었다. 태양을 비롯해 우리가 보는 별들은 가벼운 원소를 이용해 새롭고 무거운 원소를 핵융합으로 생산하는 공장이라 할 수 있다. 항성의 온도와 압력은, 특히 내부의 경우는 우리의 상상을 초월하게 크다. 질량이 큰 항성은 내부 압력과 온도를 견디지 못하고 폭발해 버려 별이 만든 새로운 원소를 우주에 흩뿌리고 이것이 중력에 의해 다시 모여 다른 별과 행성이 되었다. 그런데, 별만이 해낼 수 있는 영역마저 인류는 드디어 발을 들여놓기 시작했다.

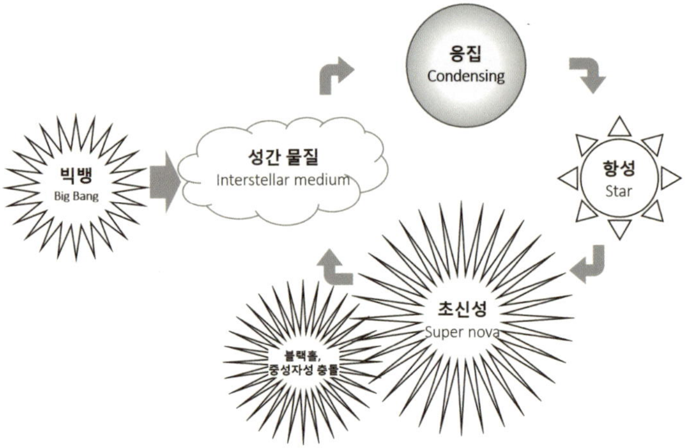

우주에서 원소가 만들어지는 cycle

원자의 구조를 알아낸 대표적인 과학자 러더퍼드(Ernest Rutherford, 1871~1937)는 알파입자(방사선의 일종, 두 개의 양성자와 두 개의 중성자로 구성된 헬륨(He) 원자핵과 동일한 구성, He^{2+}로 표기되기도 한다)를 얇은 금박(Gold(Au) foil)에 조사했을 때, 대부분의 알파입자가 얇은 금박을 투과하는 것을 목격했다. 그런데 알파입자가 튕겨져 나오는 것을 보고 원자들 사이에 매우 딱딱한 것이 있다고 생각했는데, 이것이 바로 원자핵의 발견이다. 그런데 그는 원자핵의 구조를 더 명확하게 알고 싶어 했다. 그러기 위해 전하를 가진 입자(양성자)를 더 가속시켜서 원자핵에 충돌시켜야 했다. 러더퍼드는 그의 제자인 콕크로프트(John Cockcroft, 1897~1967)와 월턴(Ernest Thomas Sinton Walton, 1903~1995)에게 전하를 가진 입자를 가속시키는 장치를 만들어 달라고 부탁했다.

이들은 마침내 초 고전압을 가해 수소 원자핵을 가속할 수 있는 장치를 만들어 내게 된다. 인공적으로 고에너지 입자(속도가 큰 입자)를 만들 수 있었고, 그것이 원자핵과 충돌했을 때 그 단단한 원자핵마저 붕괴시킬 수 있는 입자가속기를 만들어낸 것이다. 콕크로프트와 월턴은 콘덴서와 다이오드를 조합해서 고전압을 발생시킬 수 있는 장치를 고안했고, 1932년 드디어 콕크로프트-월턴형 선형 입자가속기를 발명하게 된다. 이 가속기로 양성자(양의 수소이온)를 가속해 리튬(Li, 원자번호 3) 원자핵에 충돌시켰더니 리튬 원자핵이 붕괴해 헬륨(He, 원자번호 2)으로 변화되는 것을 발견했다. 전하를 띈 입자의 강한 충돌이 원자핵을 붕괴시켜서 다른 원소로 변하게 만들 수 있다는 사실을 알아낸 것이다. 그들은 원소를 다른 원소로 바꾼 최초의 연금술사(Alchemist)라고 할 수 있다.

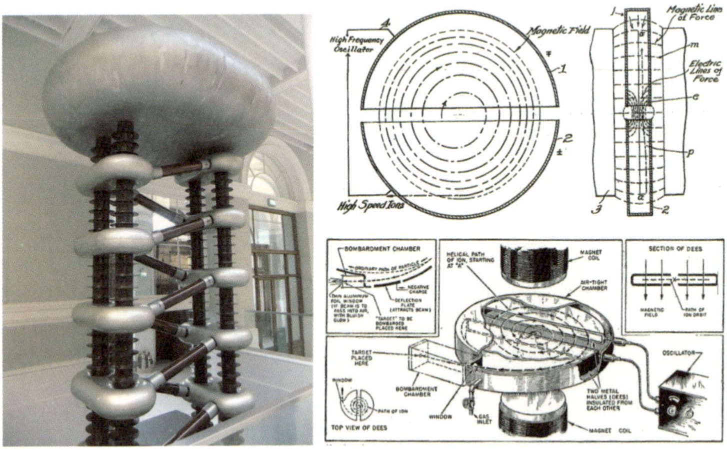

스코틀랜드 국립박물관에 소장된 콕크로프트-월턴형 선형가속기, 1934년 어니스트 로렌스의 특허의 설계도와 사이클론 작동개요

비슷한 시기에 미국의 어니스트 로렌스(Ernest Lawrence, 1901~1958)는 전하를 띈 입자가 자기장을 통과할 때 자기력에 의해 원형 운동하게 되고, 원형운동을 하는 입자가 전극(전기장)

을 반복하여 지나가면 입자가 가속되는 것을 발견했다. 즉 원형 입자가속기 사이클로트론(Cyclotron)을 발명한다. 여기서 하나의 중요한 원리를 짚고 넘어가야 한다. 즉 전기를 띈 입자, 즉 전자 또는 양이온은 전기장(전압을 가한 경우)하에서 움직이게 되고, 움직이는 입자에 전기장을 계속해서 가하면 속도가 빨라진다는 것이다.

우리가 입자가속기란 것을 들을 때면, 무언가 어렵고 매우 거대한 장치라고 생각할 수 있다. 그런데 입자가속기는 우리 주위에서도 흔히 볼 수 있다. 지금은 LED 등에 의해 점점 자취를 감추고 있는 형광등이 바로 그 예라고 할 수 있다. 형광등은 공기를 뺀 유리관 양쪽에 전극을 단 매우 간단한 형태를 가지고 있다.

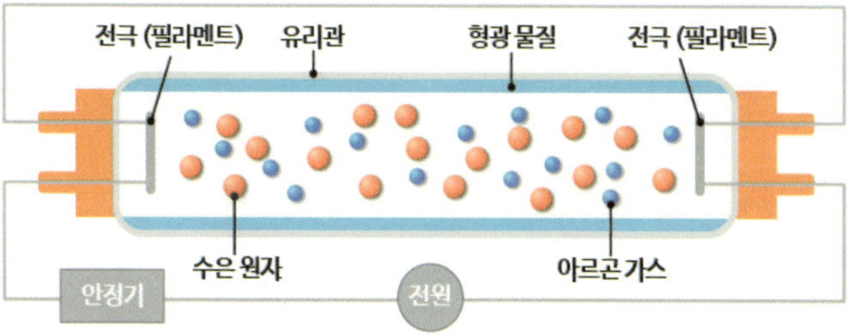

형광등의 얼개, 음의 전극에서 전자가 가속되어 튀어나간다. 이동하는 전자는 형광등 내에 떠다니는 수은 원자와 부딪히고 이때 자외선이 방출된다. 이 자외선이 형광등 내부에 발려진 형광물질과 반응하여 우리가 볼 수 있는 가시광선을 방출한다. 아주 간단한 입자(전자) 가속기라고 할 수 있다.

입자가속기에 의해 발생한 에너지를 전자볼트(Electron volt, eV)라고 표현한다. 1eV는 1개의 전자를 1volt의 전압에서 가속시켰을 때 가지는 에너지로 정의된다. 우리가 흔히 쓰는 건전지는 대개 1.5volt 이니, 이 전압으로 전자를 가속시키면 그 때 전자의 에너지는 1.5eV를 가지게 된다.

어떠한 현상의 과학적 원리가 밝혀지면 그 후의 발전 속도는 우리가 예상할 수 없을 만큼 빠른데, 가속기도 예외 없이 상상을 초월하게 발전하게 된다.

발명 당시의 입자가속기의 성능은 양성자(수소의 양이온), 중양성자(중수소의 양이온) 그리고 알파입자(α−ray, 헬륨의 양이온, 헬륨 원자핵) 밖에 가속시키지 못했으나 지금은 더 무거운 원자핵도 가속시킬 수 있는 수준이 되었다.

현재 개발된 입자가속기를 일부러 구분하자면 다음과 같이 나눌 수 있다.

1) 전자를 가속

2) 양성자를 가속

3) 중수소 또는 헬륨의 원자핵을 가속

4) 탄소 등 무거운 원자핵을 가속

전자는 양성자 질량의 1840분의 1로 원자핵에 비해 매우 빠르고 쉽게 가속시킬 수 있다. 전압을 가했을 때, 전하를 띈 입자가 가속하는 것은 매우 당연한데, 가속기를 제작하기 위해 해결해야 될 문제가 있다.

우리가 알고 있는 물질은 일반적으로 전기를 띄지 않는 상태, 즉 전기적으로 중성인 상태를 선호한다. 그렇다. 입자를 가속시키기 위해선 중성이 아니라 이온을 적절하게 공급하는 것이 중요하다.

입자를 이동시키거나 가속시킬 때 방해가 되는 것은 질량인데, 만약 원자 두 개가 붙어있는 덩어리중에 한 원자만 전자가 방출되었을 경우, 한 개의 원자핵이 가속되는 힘으로 두 개의 원자를 힘겹게 가속시켜야 되는 것처럼, 전기적 중성인 원자가 주위에 붙어있지 않은 순수 이온을 입자가속기에 공급해야만 한다.

다행히 재료 및 화학을 전공하는 과학자들이 최근에 탄소나 산소 같은 원자들을 전부 이온으로 만들 수 있는 공급원을 개발하였다. 하나의 장치가 완전함을 구비할 때까지는 다른 전문과학자의 도움이 필요한 법이다.

입자가속기의 발명 그리고 그 진보에 의해 원자핵 물리학의 급진전이 일어났다. 입자를 충돌시켜 원자를 붕괴시키는 것이 아닌, 원자번호가 큰 새로운 원자를 만드는, 별과 초신성 그리고 중성자별의 충돌만이 해낼 수 있는 줄 알았던 새로운 원소의 탄생, 즉 핵융합이 가능하게 된 것이다. 인류는 자연계에서 제일 무거운 원소인 우라늄보다 더 무거운 원소를 만들 수 있는 지식을 손에 넣었다. 드디어 별들이 하던 일을 인간도 할 수 있게 된 것이다.

우리가 일상생활에서 겪는 화학반응으로는 원자자체가 바뀌지 않는다. 실제로 달걀을 삶을 때나 구울 때, 색과 맛이 변하는 것은 다 화학반응의 일종이다. 원자들 간의 결합이 바뀌었을 뿐이지, 절대로 수천조 개중의 한 원자라도 바뀐 적이 없다. 화학반응은 수십에서 수천도 범위의 온도에서 일어나는데, 그래서 우리가 그것을 쉽게 경험할 수 있는 것이다. 이에 반해 핵융합은 너무나 강하게 결합되어 있는 양성자와 중성자의 수를 바꾸는 일이다. 작게는 수천만 도, 적어도 수백억 도에서 일어나는 핵융합을 가속기로 어떻게 일어나게 할 수 있을까?

이 대목에서 아인슈타인의 그 유명한 식 $E=mc^2$ 이 의미하는 바를 다시 생각해 보자. '에너지는 질량과 같다'라는 것이 핵심인데, 즉 질량이 에너지로 또는 에너지가 질량으로도 변화할 수 있다는 것이다. 높은 온도와 압력, 즉 매우 큰 에너지를 어마어마하게 빠른 입자를 순간적으로 충돌시켜 만들어 낼 수 있다는 것이다. 높은 에너지가 질량을 가진 입자로 변한 것도 발견할 수 있고, 또한 가속된 입자를 직접 표적에 정확하게 충돌시켜 원자내부의 반응을 일으키게 하는 것이 가능하게 된 것이다. 그런데, 핵반응으로 만들어진 입자들은 자연에 존재하는 것에 비해 매우 수명이 짧다. 예를 들어 가속된 입자에 의해 강제 배출되어 홀로 된 중성자는 원자핵에서 양성자와 같이 결합되어 있을 때에 비해 너무 수명이 짧다. 놀랍게도 15분 정도밖에 되지 않는 것이었다.

미국에서 개발된 사이클로트론을 이용해 이 짧은 수명의 중성자를 원자량 238인 우라늄(^{238}U)에 충돌시키면 동위원소인 원자량 239인 우라늄(^{239}U)이 된다. 그런데, 중성자는 바로 베타붕괴(중성자가 양성자와 전자로 분리)가 일어나 우라늄(^{239}U)은 원자량 239인 넵티늄(^{239}Ne)이 된다. 원자번호는 원자핵 안의 양성자 수이므로 원자번호 92번인 우라늄(U)이 93번인 넵티늄(Neptinium, Ne)으로 변화된다. 그런데 이 넵티늄도 또 베타붕괴를 피할 수 없어 원래 있던 중성자가 양성자로 바뀌는데, 양성자가 하나 늘었으니 원자번호 94번인 플루토늄(Plotonium, Pu, ^{239}Pu)으로 변화된다. 이 플로토늄은 핵분열이 잘 일어날 수 있는 원소이기 때문에 원자력 발전의 원료로 쓰일 수가 있다.

이러한 발견은 1940년에 이루어졌고, 1944년 미국은 2차 세계대전 말기, 원자번호 95번 아메리슘(Americium)과 96번 퀴륨(Curium, Cm)까지 발견하게 된다. 여기서 발견이란 말을 사용한 이유는 주기율표의 규칙성을 정확하게 지키면서 자연에 존재할 수 있는 원소이기 때문이다.

2차 세계대전이 끝난 후에도 미국은 원자번호 97번 버클륨(Berkelium, Bk)부터 원자번호 101번 멘델러븀(Mendelevium, Md)까지 차례차례 발견하게 된다. 이때까지 새로운 원소를 만드는 방법은 주로 양성자, 중성자, 중수소 원자핵 또는 헬륨원자핵을 가속하여 충돌시키는 방법을 사용해 원자번호를 하나 또는 둘 씩 올리는 방법이 확실한 방법이었다. 멘델러븀 이후의 이러한 방법으로 만들어진 원소는 너무 순식간에 붕괴되어 버렸다.

그런데 1960년대부터 가벼운 입자를 충돌시키는 것 이외에 탄소 또는 산소를 이용한 중이온(重이온, 무거운 이온)을 원자번호 92번 우라늄 또는 96번 퀴륨에 충돌시켜 새로운 원소를 발견하는 기술이 개발되었다. 사실 이 시기부터, 미국뿐만 아니라 소비에트 연방(구 러시아)과 독일마저 새로운 원소를 합성하는 경쟁에 참여하게 된다.

당시의 열강은 자국의 힘을 자랑하고 싶어했다. 그중에서도 새로운 원소의 합성, 즉 발견을 위한 연구는 국가의 과학력과 자본을 뽐낼 수 있는 분야였기 때문이다. 앞서도 언급했듯이, 새로운 원소 합성연구는 거대한 가속기의 건설이 필요하고, 입자 충돌 시 발생하는 여러 현상을 관측하는 장비도 요구된다. 게다가 입자 충돌은 찰나에 발생하고 새로 생성되는 원자핵의 수명은 1000분의 1초도 되지 않는 경우도 있어서 장비가 여간 정확하게 만들어지지 않으면 연구가 수포로 돌아가게 된다. 거의 국가적인 규모의 사업이라 할 수 있다.

1960년대 후반 세계는 초강대국 미국과 소비에트 연방이 양분하고 있던 시절, 게다가 냉전시대였다. 그 두 나라는 자국의 우세를 과학력으로 증명하고 있던 시절이었다. 나라들 간의 경쟁은 어쨌거나, 물질창조와 가속기 연구에 종사하는 과학자들에게 왜 이런 연구를 하느냐 물어보면 한결같은 대답은 "궁금하니까"였다.

인류가 만들어낸 새로운 원소에 대해 많은 사람이 의문을 갖는 것 중의 하나는 이 새로운 원소가 이 우주에 얼마나 존재하는가이다. 새로운 원소의 발견은 다른 물리학자의 새로운 연구주제가 되기도 한다. 새로 발견된 물질이 인정받는 것은 생각보다 어려운 일이다. 인류가 합성한 원소가 정말로 우주에 존재하는지, 물리와 화학적 규칙을 완벽하게 지키는지를 평가해야만 한다. 여러 과학자들에 의해 인정받는 절차를 끝낸 새로운 원소는 국제기관(국제순수·응용화학연합회, International Union of Pure and Applied Chemistry, IUPAC) 에 승인을 받고, 드디

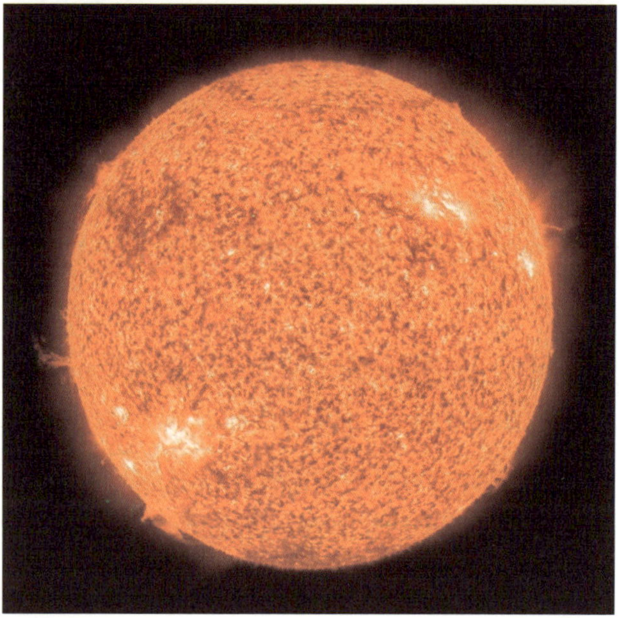

1952년 미국에 의한 수소폭탄실험, 우리의 태양은 수소폭탄이 쉬지 않고 터지는 핵융합 공장이다.

스위스 제네바와 프랑스 사이의 국경지대에 위치한 세계 최대규모의 유럽입자물리학 연구소(Conseil Européen pour la Recherche Nucléaire, CERN), 프랑스의 물리학자 루이 드 브로이 공작에 의해 제청되어 만들어진 곳이다. 지하에 어마어마한 가속기가 건설되어 있고 둘레가 6.9km인 충돌기(교차저장링, Intersecting Storage Ring, ISR)가 건설되어 있는 장소이기도 하다.

어 주기율표에 등재되는 영광을 누리게 된다. 이러한 영광과는 거리가 멀게 발견된 원소도 있다. 원자번호 99번 아인슈타이늄(Einsteinium, Es)과 페르뮴(Fermium, Fm)은 1952년 세계최초의 수소폭탄 실험 시 발생한 잔재에서 우연히 발견되었다. 이 두 원소의 발견은 수소폭탄의 원리 그리고 제법에 관해 군사기밀로 취급되었기 때문에 1954년 원자로 내에서 발견되었다고 거짓으로 발표되기도 했었다. 그리고 1955년이 되어서야 이 두 원소에 대한 내용이 발표되었다.

입자가속기의 출현으로, 드디어 화학결합이 아닌 원자핵 내부의 입자 간 결합이 베일을 벗기 시작했다. 원자핵 내부의 신비를 먼저 벗기는 쪽이 국가의 과학력을 가늠하는 다소 순수하지 않은 기준이 되기도 했지만 고도의 과학적 지식과 천문학적 자본으로 무장한 새로운 연금술사(Neo Alchemist)들은 우주와 물질의 신비를 속속들이 파헤치고 있다.

N E O A L C H E M I S T

제2장

눈으로 볼 수 있는 원자

제2장 눈으로 볼 수 있는 원자

2-1 너무나 작은 물질

새로운 원자를 만드는 과학자들은 진정한 알키미스트(연금술사)라 불릴 수 있다. 그런데 원자의 크기는 정말로 작다. 우리가 잘 알고 있는 수소, 탄소, 질소 그리고 산소 등의 원자 크기는 대략 10^{-10}m이다. 필자는 숫자를 외우는 것이 너무 힘든 사람인데도 원자 크기는 십의 마이너스 10승 미터, 외우기도 편리하다.

자는 원자핵과 그 주위를 빠른 속도로 도는 전자로 구성되어 있기 때문에 원자마다 그 크기가 다를 수밖에 없다. 크기도 다를 뿐더러 원자핵의 질량이 다르고 전자들이 움직이는 궤도도 다르기 때문에 원자끼리 뭉쳐져 있는 액체나 고체는 그 밀도도 다르다. 그래서 밀도를 알면 어떤 원자들이 뭉쳐져 있는지 대략적으로 짐작할 수 있다. 따라서 순수한 물질은 같은 환경에서 언제나 같은 밀도를 가진다. 이러한 과학적 근거로 물질이 무엇인지 구분할 수 있는 용이한 방법 중의 하나가 바로 밀도 측정이다.

어떤 특정한 상태(예를 들면 1기압과 30℃의 온도)에서 어떤 원자가 어떠한 방식으로 결합하고 있으면 단위부피당 원자 개수가 정해지니 밀도가 정해진다. 지금이야 상당하게 축적된 과학지식도 있고, 실제로 매우 작은 크기도 볼 수 있는 장비도 있지만, 현미경도 없었던 고대 과학자인 아르키메데스는 원자결합의 비밀도 정확하게 모른 채, 물질에 대한 관찰과 고민만으로 그 놀라운 물리적 사실, 밀도를 발견했다.

아르키메데스는 밀도를 측정할 수 있는 방법을 발견하여 황금관이 순금으로 만들어진 것이 아니라 금에 은 또는 구리가 섞여 있다는 것을 발견했다. 밀도를 측정하는 방법을 알아냈을 때, 아르키메데스가 외친 그 유명한 단어가 바로 '유레카'이다. 아르키메데스 이외에도 고대 그리고 근세의 과학자들은 현재의 과학자들이 누리는 장비의 도움 없이 현상을 집요하게 관찰하고 그 규칙을 정리했다. 그래서 그들이 위대한 것이다.

하지만, 현상의 관찰만으로 자연의 위대한 원리와 규칙을 헤아리는 데는 한계가 있다. 더 작은, 더 근본적인 최소의 물질을 직접 볼 수만 있다면 물리적 근본원리를 손쉽게 찾아낼 수 있을 것이다. 특히 고체는 원자와 원자가 어떠한 방식으로 결합하고 배열되어 있는지가 그 물질의 특성을 결정하기 때문에 원자를 직접 볼 수 있는 장비가 있다면 자연에 숨어있는 원리를 단숨에 캘 수 있다.

2-2 작은 것을 볼 수 있는 기구

전문가마다 그 견해가 다르지만 인류는 수십만 년 전부터 지구상에 존재했고 어느 순간부터는 최상위종으로 군림해오고 있다. 그러나 아직도 자연의 위력에는 너무 무력했다. 자신감 넘치게 그 수와 영역을 넓히다가 대규모 질병, 식량난 그리고 자연재해로 인구의 상당수가 감소하기도 했다.

2020년대 경 유행했던 코로나바이러스는 세계 각국의 적극적인 대응으로 지금은 감기 정도의 가벼운 질병으로 위력이 감소되었다. 코로나 바이러스가 어떻게 생겼는가를 어린이에게 그려보라 한다면, 웬만한 과학자들이 그린 개념도와 비슷하게 그릴 정도다. 그렇다. 현재 우리는 아주 작은 것마저도 직접 볼 수 있는 과학력을 지니고 있다.

필자는 어릴 적에 돋보기를 좋아했다. 1970년대, 초등학생이었던 필자는 해가 머리 꼭대기에 위치해 더욱 무덥던 여름날에 돋보기를 들고 여기저기 초점을 맞추어 불을 내는 장난을 했다. 지금 고백하는 바이지만, 조그만 대오를 맞추어 전진하는 불개미들에게 볼록렌즈의 초점을 맞추기도 했다. 순식간에 다가오는 매우 밝은 광점과 그것에 직격된 불개미는 혼비백산하여 여기저기로 도망가기 바빴다. 생명의 소중함을 몰랐던 어린 시절의 필자는 빠른 걸음으로 도망가는 개미에게 계속 초점을 맞추어 결국엔 개미의 생명을 빼앗곤 했다. 요즘의 어린이들은 생명의 소중함을 잊지 않았으면 좋겠다.

돋보기는 그리스 시대에도 있었다고 한다. 그리스 사람도 필자처럼 초점을 맞추어 열을 발생시키는 데 흥미를 가졌는지, 아니면 본연의 목적이라 할 수 있는, 굴절을 이용하여 빛의 경로를 변형시켜 작은 상(像)을 확대시키는 데 주력했는지 잘 알 수는 없지만 어쨌든 돋보기를 이용하여 형상을 확대하는 것은 기껏해야 6에서 10배 정도이다. 호박씨가 달걀만큼 크게 보이니 눈이 좋지 않은 사람에게 도움이 될 듯하다. 사람의 눈은 아주 작은 물질을 정확하게 구분하는 데 한계가 있다. 아주 눈이 좋은 사람이라도 30cm 거리에서 떨어진 두 점을 구별할 수 있는 능력의 한계는 0.04mm 정도이다. 즉 머리카락의 평균 굵기가 80~120μm 이니까 머리카락이 가는지 두꺼운지는 구분할 수 있다.

너무 작아서 눈에 보이지 않는 것에 의해 인류의 역사가 어떻게 바뀌었는지 우리는 매우 잘 알고 있다. 인류 역사상 최악의 재난 중의 하나는 14세기 중세 유럽에서 발생했다. 바로 흑사병(페스트)의 창궐과 대유행이다. 피부에 혈액성분이 침전하면서 피부가 검게 변하는 증상 때문에 검게 죽는 병, 즉 '흑사병'이란 듣기에도 거북한 이름이 붙여졌다.

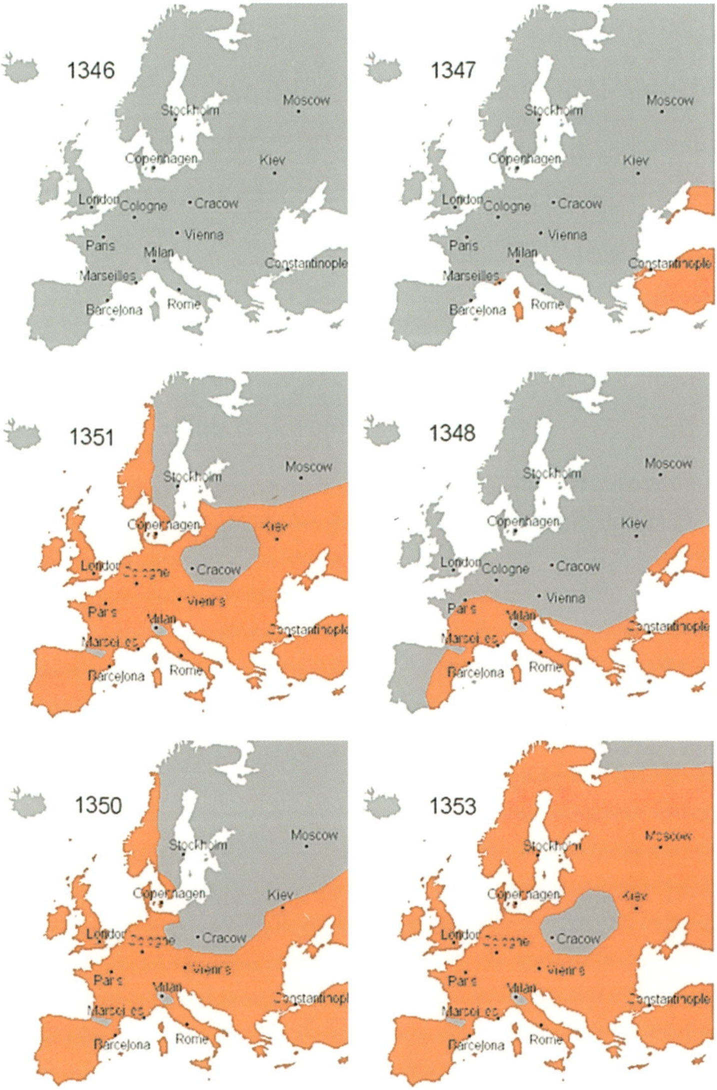

14세기 유럽을 덮친 흑사병. 유럽전역에 흑사병(페스트)이 퍼지는 데 7년 밖에 걸리지 않았다. 당시 흑사병 범람은 7,500만~2억 명의 목숨을 앗아간 인류사상 최악의 참사였다.

지금이야 흑사병을 일으키는 원인이 페스트(Yersinia pestis)균이 설치류와 벼룩에 의해 전염되고(수인감염), 페스트균에 의해 폐가 감염될 경우 기침, 구토 그리고 재채기에 의해서도 전염(비말감염)된다는 것이 밝혀졌지만 그 당시의 사람들은 도무지 왜 흑사병이 창궐하는지 몰랐다.

무지한 인간들은 언제나 핑계와 도피처를 찾기 마련이듯, 거지, 유대인, 한센병 환자 그리고 외국인들을 흑사병을 몰고 다니는 자로 몰아 집단적으로 폭행하거나 심지어는 학살하기도 했다. 길이 1 마이크로미터 정도로 작은 이 세균이 전 유럽대륙을 공포에 떨게 하고 사람들을 패닉에 몰아넣었던 것이다.

눈에 보이는 생물 이외에도 보이지 않을 정도로 너무나 작은 생물도 있다는 사실을 사람들이 알았다면, 바꾸어 말해, 볼 수 있었다면, 역사는 어떻게 바뀌었을까? 아마도 세계 인구의 20%를 감소시킨 초대형 재난을 막을 수 있었을 것이다.

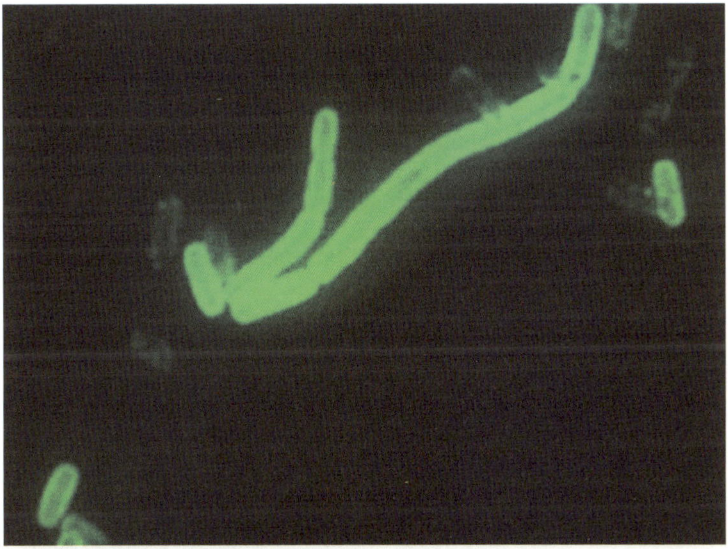

14세기 유럽을 덮친 흑사병, 유럽전역에 흑사병(페스트)이 퍼지는 데 7년 밖에 걸리지 않았다. 당시 페스트균(Yersinia pestis), 흑사병을 일으키는 세균이다. 직경 0.5~0.8㎛, 길이 1~3㎛ 인데 잘 관찰하기 위해 균에 형광물질을 투입하였다. 벨기에 피터 브뤼겔의 죽음의 승리, 이 조그만한 세균이 유럽 전역을 공포의 도가니로 몰아넣었다.

최초의 현미경은 1590년경 네덜란드의 한스 얀센(Hans Yanssen, 연대 미상)과 자카리스 얀센(Jakaris Yanssen, 1585~1632)에 의해 만들어졌다. 안경을 만드는 직업을 가진 이 들 부자(父子)는 현재의 장난감 망원경과 같은 얼개를 가지는 금속관에 두 개의 렌즈를 결합하고 이 들의 간격을 조절할 수 있도록 했다. 렌즈 간격을 최대로 벌렸을 때, 상을 10배로 확대할 수 있었다고 하니 지금 돋보기 수준을 벗어나지 못해 현미경이라고 말하긴 힘들 것 같다.

시간이 꽤 흘러, 1660년경 네덜란드의 안톤 판 레벤후크(Antoni van Leeuwenhoek, 1632~1723)에 의해 기념비적인 현미경이 발명되었다. 그가 만든 현미경은 성인의 엄지손가락보다 조금 더 큰 수준이었는데, 그 배율이 273배나 되었다. 이때 구슬 형태의 렌즈를 사용했고 렌즈와 관찰대상의 거리를 정교한 나사로 조절했다. 이 현미경의 높은 배율은 너무나 중요했다. 눈으로 볼 수 없는 크기의 물체마저 직접 볼 수 있게 된 것이다. 이때부터 현미경의 배율은 날로 커져갔다. 과학은 개념이 정립이 되면 그 발전 속도는 상상을 초월하게 빨리 진행된다. 얼마의 시간이 지나지도 않았는데, 로버트 훅(Robert Hooke, 1635~1703)에 의해 코르크 조직이 관찰되었고, 코르크가 벌집과 같이 작은 방들이 서로 연결되어 있다는 것을 발견하였고 그

하나의 방들을 세포(Cell)이라고 이름 붙였다. 드디어 생명체가 매우 작고 독립적인 조직들의 집합이라는 개념이 시작된 것이다. 로버트 훅은 지금의 현미경과 거의 유사한 형태의 현미경을 개발했고 안톤 판 레벤후크와 함께 식물세포를 비롯하여 치아 속의 세균, 연못에 사는 작은 생물 등을 관찰하고 기록했다. 이때부터 인류는 여태까지 인식하지 못했던 새로운 생물의 세계에 발을 들여놓게 되었다. 현미경이 빨리 개발되어 겨우 수 마이크로미터 크기의 세균들 의해 예상치 못한 사고들이 저질러졌다는 것을 알아차렸다면, 인류 역사상 가장 끔찍한 재난 중 하나인 흑사병의 대범람 같은 재앙을 막을 수 있을 터였다.

병원균의 종류, 이동 경로 그리고 그 들이 생존양식을 알고 대비하였다면 애꿎은 생명이 대량으로 살상되는 것을 막을 수 있었을 것이다. 매우 미세한 생명체를 직접 볼 수 있는 현미경의 개발은 그 들의 행동양식을 파악해 전염을 막을 수 있는 방법을 알게 해 주었다. 세균이 살지 못하는 청결한 환경을 만들고 세균을 죽일 수 있는 살균제, 그리고 증상을 치료할 수 있는 약을 개발할 수 있게 했다.

2020년 전 세계를 공포에 떨게 한 코비드19 바이러스는 그 크기가 대략 120~140nm(1m의 10^{-9}배, 머리카락 두께의 1,000분의 1)이니 웬만한 현미경으로는 관찰할 수 없다. 그러나 현대의 과학은 이 작은 바이러스조차 직접 관찰할 수 있는 장비를 만들어냈다. 이들 장비의 도움을 받아 인류는 정말 빠른 시간 내에 백신과 치료제를 개발했고 전 지구적인 재앙을 피할 수 있었다.

생물이든 무생물이든 큰 배율로 직접 관찰한다는 것은 매우 중요한 일이다. 달빛마저 비치지 않는 컴컴한 길은 공포감을 자아낸다. 그런데 햇볕이 비치는 오솔길은 무성한 나무, 아름다운 꽃, 게다가 자세히 들여다보면 작은 새들과 곤충까지 어우러진 아름다운 세상이듯, 사물을 직접 관찰할 수 있다는 것은 무지로 비롯된 공포로부터 벗어날 수 있고, 근본적인 원리와 진실, 심지어 그것을 조종할 수 있는 지식까지 갖게 한다. 직접 볼 수 있다는 것은 공포가 아름다움으로 바뀔 수 있는 매우 중요한 포인트다.

현미경은 보이지 않는 작은 세계를 우리를 둘러싼 세계와 같은 크기로 만들었다. 그런데 투명한 유리를 이용한 전통적인 현미경은 더 작은 세계를 관찰하기 힘들었다. 마이크로미터의 크기의 세균은 볼 수 있지만 바이러스와 같은 더 작은 것들은 볼 수 없었다. 무생물도 마찬가지이다. 가루 정도의 크기는 관찰할 수 있지만 바이러스보다 작은 알갱이는 볼 수 없다. 하물며 대략 10^{-10}m 라고 알려진 원자들은 어떻게 관측할 수 있을까? 결론부터 말하자면 현대의 과학은 원자도 직접 볼 수 있다.

무엇을 본다는 것, 감각적으로는 너무나 쉽게 이해되는 말이지만 본다는 것을 과학적으로 이해하는 것이 필요하다. 필자는 가끔 일반인과 학생들에게 강연을 한다. 강연 중 청중에게 들려주고 싶은 메시지는 우리가 자주 사용하는 말과 단어를 과학적으로, 그리고 매우 짧은 표현으로 모두가 이해할 수 있도록 정확하게 설명하는 버릇을 가지라는 것이다. 모두가 이해할 수 있는 과학적인 표현, 이것을 정의(定義, definition)라고 한다. 과학자들은 정의를 매우 중요시한다.

그리고 우리가 알고 있는 유명한 사람들은 전부, 자신이 하고 있는 일 또는 관심을 가지는 대상의 정의를 명확하게 내리는 경향이 있다. 시작하는 일의 정의를 정확히 내릴 때, 다음 해야 할 일이 저절로 떠오른다. 이 책을 읽는 독자들도 공부를 할 때나, 무슨 일을 할 때, 단어 또는 하고 있는 일의 정의를 정확하게 파악하는 습관을 가지면 좋겠다.

본다는 것은 빛을 감지한다는 것이다. 본다는 것에는 밝고 어두운 정도, 색깔 그리고 형태를 정확하게 구분할 수 있는지 여부가 포함되고 이것이 본다는 것의 정의라 할 수 있다. 밝고 어두운 정도는 너무 간단하게도 빛의 양의 많고 적음이다. 즉 광자가 많으면 밝고 적으면 어둡다. 광자가 없으면 그냥 까맣게 보인다. 그리고 색깔과 형상을 구분하는데 직접적으로 영향을 미치는 것은 빛, 즉 광선의 파장이다. 현미경은 작은 물체를 확대하여 볼 수 있는 장비인데, 인간의 눈이 볼 수 있는 빛은 가시광선(Visible light)이다. 가시광선보다 파장이 긴 적외선(Infrared light) 그리고 파장이 짧은 자외선(Ultraviolet light)의 경우, 인간은 볼 수 없다. 가시광선의 파장은 빨간색이 780nm 그리고 보라색은 380nm로, 이들 범위보다 파장이 짧거나 길 경우는 인간의 시세포가 감지할 수 없는 것이다. 우리가 알고 있는 일반적인 현미경은 가시광선을 이용하여 물체를 확대한다.

그리고 해상도란 단어의 정의를 짚어 보면, 해상도(분해능)는 두 점 사이의 간격을 구별할 수 있는 정도라고 간단하게 정의할 수 있다. 두 점의 간격이 좁을수록 두 점인지 한 점인지 구분하기 힘들어진다. 과학자들이 정의 내린 분해능은 다음과 같이 수학적으로 표현할 수 있다. 정말로 수학은 편리하다. 말로 설명할 때는 어떻게 표현해야 할지 고민해야 하는데 몇 자 안 되는 문자로 표현할 수 있으니 말이다.

$$d = \lambda/(2n \sin\Theta)$$

여기서 d는 우리가 알고 싶어 하는 두 물체를 구분할 수 있는 거리(두 점사이의 간격), n은 굴절율, Θ는 빛의 진행각도(빛은 직진하기 때문에 눈앞을 가로질러가는 광자를 우리는 볼 수 없다. 즉 광자가 우리 눈에 들어와야지만 볼 수 있다.)이다. 분해능이 크다는 것은 두 점 사이 간격이 작아도 구분할 수 있다는 것이므로, 식의 d가 작을수록 분해능이 크다는 것이다.

즉 분해능, 두 점의 간격이 작아지려면 λ, 즉 파장이 작아야 한다. 그리고 굴절율이 커야 한다. 그런데 굴절율을 크게 하는 것은 기껏해야 몇 배이기 때문에, 분해능에 결정적인 역할을 하는 것은 파장이라 할 수 있다. 우리가 익히 알 수 있는 현미경, 즉 가시광선영역에서 사용하는 광학현미경의 분해능은 기껏해야 1,000배 정도밖에 되지 않는다. 정말로 작은 알갱이나 바이러스같이 작은 생명체는 볼 수 없다는 것이다.

광학현미경과 전자현미경이 근본적으로 다른 점은 가시광선이 아니라 전자빔(Electron beam)을 사용한다는 것이다. 10^{-18}m의 이론적 반경을 가진 매우 작은 전자는 정말로 다양한 행동을 한다. 강도, 투명함, 딱딱한 정도 등 모든 물질의 특성은 물질을 구성하는 원자들의 최 외곽 전자의 행동이 결정한다.

또한, 공간을 날아다니는 매우 작은 전자는 입자로도 그리고 파장으로도 행동한다. 알갱이가 전파와 같이 파장을 가진다는 것이 언뜻 이해가 되지 않겠지만, 영화 앤트맨과 와스프에서 그려진 양자역학의 세계처럼 어렵기는 해도 너무나 신비롭다. 전자는 마이너스 극을 띄기 때문에 전압을 걸어주면 이동한다. 그런데, 재미있는 사실이 있다. 전압의 1/2승에 반비례하여 전자의 파장이 감소하는 것이다. 유레카!

전압을 높이 인가하게 되면, 전자빔의 파장은 작아진다. 일례로 10만 볼트의 전압을 인가했을 때, 전자의 파장은 약 0.0039nm(나노미터)가 된다. 여기서 영민한 독자는 알아차릴 것이다. 가시광선을 이용하는 일반 현미경의 해상도(정확하게는 분해능)는 1,000배 정도 확대하는 것에 그친다.

380에서 780nm 사이의 파장을 이용한 현미경에 0.0039nm의 파장을 이용한다고 생각해 보자. 단순한 계산으로도 광학현미경 최고배율의 10만 배, 게다가 파장만 더 줄인다면 더 크게 확대할 수 있다는 뜻이 된다. 그러므로 10만 볼트를 인가하는 전자현미경은 가시광선을 이용한 현미경에 비해 어마어마한 확대 능력을 가진다.

지금은 천문학적 가격이긴 하지만 천만 볼트 이상의 전압을 인가할 수 있는 현미경도 개발되어 시판되고 있다. 드디어 인류는 바이러스는 물론 물체를 구성하는 원자마저 직접 눈으로 관찰할 수 있는 장비를 손에 넣은 것이다.

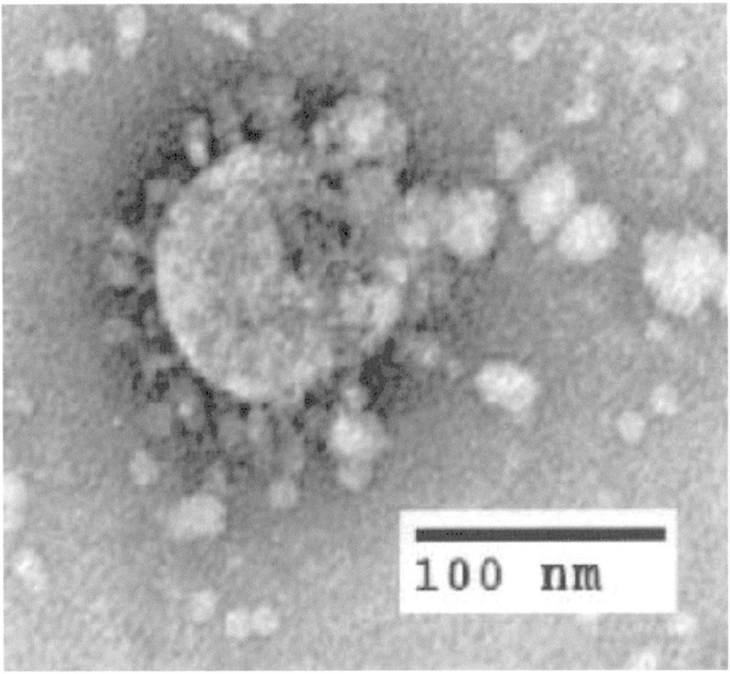

직접 관찰된 SARS-코로나 바이러스. 전자를 이용한 현미경의 개발로 바이러스를 직접 볼 수 있는 시대가 되었다. 미국질병통제예방센터(C.D. Humphrey, CDC)

2-3 원자가 그려낸 명화

전자현미경의 발전은 물질의 정확한 생김새를 알게 해 주었다. 적당히 큰 배율로만으로도 정말로 많은 정보를 주었다. 필자는 재료, 특히 금속을 연구하는 과학자이다. 새로운 것을 발견하여 논문을 제출할 때, 광학 및 전자현미경으로 관찰한 미세조직을 논문에 꼭 포함시킨다. 또한 더욱 설명이 필요한 경우는 수십만 배의 배율로 관찰한 사진도 포함하는데, 돈도 시간도 많이 드는 일이지만 논문을 읽는 독자는 필자의 생각과 가설을 직접 눈으로 확인할 수 있기 때문에 내용을 이해하는데 매우 도움

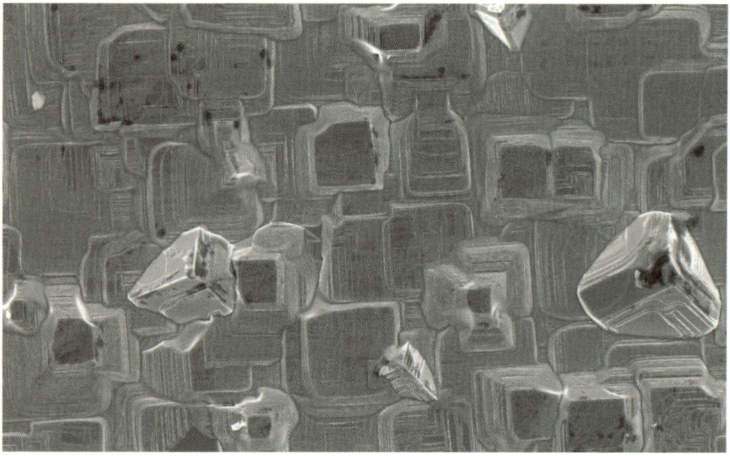

순구리를 특별하게 산화시켜 생성된 Cu_2O 산화막, 구리 표면위에 Cu_2O가 층상으로 성장하여 고대 도시와 같은 형상을 가진다. 주사전자현미경(Scanning Electron Microscope: SEM)으로 관찰

이 된다. 그리고 가끔은 매우 아름다운 조직이 발견되어 자연의 신비를 만끽할 수도 있다.

인간의 눈으로 볼 수 있는 빛보다 파장이 짧은 전자빔(Electron beam)은 해상도를 너무나 증가시켰다. 전자 빔을 이용한 현미경은 1931년 독일의 에른스트 러스카(Ernst Ruska)와 막스 크놀(Max Knoll)에 의해 처음 개발되었다.

이때 그들이 개발한 전자현미경의 배율은 불과 17.4배였다. 전자현미경의 원리와 얼개는 다른 문헌에도 찾을 수 있지만 여기엔 꼭 알아야 할 원리가 있다.

첫 번째는 전압이 커질수록 전자의 운동에너지가 커짐과 동시에 파장이 짧아진다. 해상도(분해능)를 증가시키기 위해서는 앞에도 언급하였듯이, 파장이 짧으면 된다.

두 번째는 전자는 마이너스(−) 전하를 띄고 있으므로 자기장에 의해 이동시 궤도가 휜다. 이는 정말로 중요한 역할을 하는데, 강한 자석으로 전자빔을 굴절시킬 수 있다는 것이다. 유리로 만든 렌즈가 가시광선을 굴절시키는 것과 같이 전자현미경의 자석은 전자빔을 한 곳에 집적시킬 수 있다. 세상의 원리는 참으로 일관적이다.

마지막으로 전자는 매우 가볍기 때문에 다른 원자와 부딪힐 경우 직진하지 못하고 튕겨나간다. 그래서 전자 현미경은 전자의 이동이 방해받지 않도록 고 진공이 필요하다.

이러한 원리를 완벽히 숙지하지는 못했지만 인내심과 성실한 실험으로 무장한 러스카는 1933년 드디어 광학현미경의 성능을 훨씬 뛰어넘는 배율 12,000배에 달하는 전자현미경을 세상에 내보였다.

눈에 보이지 않았던 세상은 너무나 넓고 새로운 것이 넘친다는 것을 알게 해 준 그는 당연히 1986년 노벨 물리학상을 수상했다. 현미경을 만들 당시, 전자의 행동에 대해서 러스카가 완벽하게 이해하지 못한 것은 당연하기도 했다. 자기장에 의해 전자가 휘는 것이 이론화되어 발표된 것이 루스카가 현미경을 제작하는 시기였다. 이론 물리학자인 드브로이(Louis de Broglie)에 의해 전자의 파동설이 정립된 해가 1926년이었다. 1931년 독일 베를린기술대학교 석사과정인 루스카는 드브로이의 파동설, 즉 전자의 파장은 전자의 에너지에 반비례하고, 전압이 가해진 전자는 운동에너지가 커지게 됨에 따라 파장이 감소한다는 사실을 아직은 정확하게 이해하지 못한 것이었다. 실제로 러스카가 사용한 전자빔(Electron beam)의 파장은 가시광선의 10만 분의 1 정도였다.

그렇다면 관측할 대상에 맞추어야 할 초점거리가 그에 비례하여 짧아야 했는데, 일반 현미경과 같은 초점거리를 사용한 것이었다. 그래서 그가 처음으로 제작한 현미경은 17.4배의 배율을 가질 수밖에 없었다.

비록 과학적인 원리를 정확히 알지는 못하였지만, 끊임없는 노력으로 그는 한계를 돌파하는 데 성공했다. 그래도 중요한 것은 새로운 무언가를 발명하기 위해선 과학적 원리를 먼저 이해하는 것이다. 파장과 전자 에너지와의 관계 자기장에 의해 얼마나 전자빔의 휘는지 정확하게 알았더라면, 현미경은 더 빨리 발명되었을 것이다.

루스카가 최초의 전자현미경을 선보인 후 10년도 되지 않은 1939년, 과학적 원리로 무장한 사람들이 합심하여 개발에 전념한 결과, 독일 지멘스(Siemens) 사가 투과전자현미경(Transmission Electron Microscope)을 상용화시켰다. 드디어 정말 많은 사람들이 연구와 개발에 전자현미경을 사용할 수 있는 시대가 도래한 것이다.

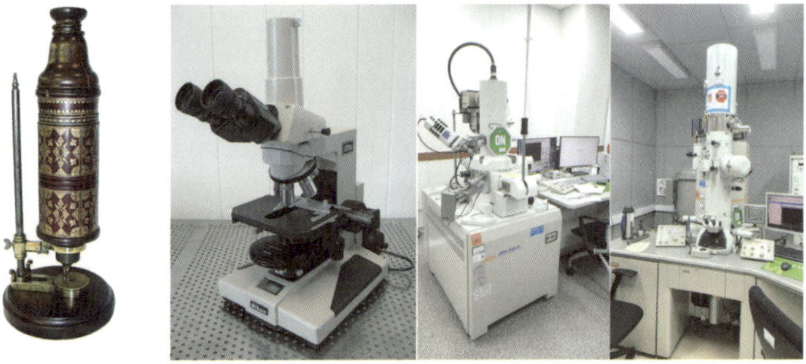

로버트 훅이 사용한 현미경과 광학현미경(Nikon 제공), 주사전자현미경(Scanning Electron Microscope: SEM) 그리고 투과전자현미경(Transmission Electron Microscope:TEM), 관찰 배율이 커질수록 현미경의 크기는 커지는 경향이 있다

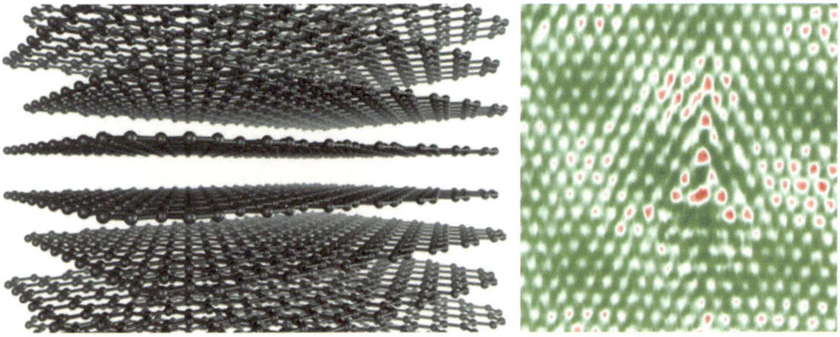

그래핀의 개념도와 실제 그래핀을 전자현미경을 이용하여 촬영한 사진(Oak Ridge National Laboratory 제공), 그래핀을 구성하는 탄소원자들이 하얀 점으로 보인다. 왼쪽의 그래핀 개념도와 달리 실제 그래핀은 완전한 배열을 갖지 않고 결함이 있다.

같은 물질이라도 원자와 원자 간의 결합형태가 다르면 특성이 다르다. 원자 간 결합의 형태는 각 원자들의 최외각 전자들의 행동이 좌우한다. 작고 빠른 전자는 원자 주위를 돌면서 원래 안주하던 원자를 떠나 주변의 원자까지 왔다 갔다를 반복하기도 하고(공유결합), 아예 다른 원자로 이사를 가거나 다른 전자가 이사를 오기도 한다(이온결합). 아예 원래 원자를 완전히 떠나 원자들 사이로 헤매는 전자마저 있다(금속결합).

지금의 현미경은 전자의 거동까지 볼 수는 없다. 그러나 전자의 행동에 의해 결정되는 원자결합과 배열은 물질의 성질을 결정한다. 따라서 원자까지 볼 수 있는 현미경의 개발은 물질이 가지는 성질이 왜 그리고 어떻게 비롯되는지 규명할 수 있었다.

현미경 특히 전자현미경 발명 이전의 과학자들은 물질의 성질을 바꾸고 싶을 때, 원자들의 결합과 그 형태를 바꾸는 실험을 했지만 그것을 직접 보지는 못하고 특성변화만 확인하는 지루한 연구 과정을 겪어야만 했다. 따라서 물질 내부의 미세한 세계를 볼 수 있는 전자현미경의 발명은 물질 개발의 패러다임을 바꾼 큰 전환점이라고 할 수 있다.

많은 고체물질들은 원자들이 규칙적으로 배열한다. 어떤 것은 세 방향, 어떤 것들은 사방으로, 어떤 것은 다섯 방향으로 배열한 물질마저 있다. 평소에 남들로부터 공돌이(공학을 전공한 사람)의 전형이라고 평가받는 필자는 가끔 독특한 미세구조를 마주해도 그냥 '예쁘군!' 하고 지나가는 경우가 허다하다. 그런데, 어떤 재료과학자는 필자는 엄두도 못 내는 예술적 감각을 발휘하여 너무나 아름다운 세상을 찾아내기도 한다.

2023년 미국 댈러스에 위치한 텍사스 대학을 방문한 적이 있었다. 콘퍼런스 참석하기 전 잠깐 짬을 내었는데, 시간 계산을 잘못하여 비행기에서 내리자마자 김문제(Moon Kim) 교수님 연구실을 들러야만 했다. 가방에 정장이 있었으나, 갈아입을 시간이 없어서, 너무나 편한 차림, 반바지에 샌들을 신은 채 교수님을 만났다.

처음 만나는 자리에서의 후줄근한 옷을 입어 어색한 필자와 동료 교수님(이 분들은 비행기 안에서도 정장을 입는 분들이다.)들을 반갑게 맞아주셨다. 어색함은 잠시, 김 교수님의 연구와 지금 하는 일을 너무나 재미있게 들어서 몇 시간이 쏜살같이 지나갔다. 그는 원자레벨 규모를 관찰하는 미세구조 해석 전문가이다. 또한 초 미세세계의 아름다움에 매료되어 본인과 주변 연구자들이 관측한 사진들에 색깔을 입히고, 인공지능을 이용한 디자인을 통해 새로운 작품을 만들어냈다. 그의 작품(https://moonkim.org/)을 잠시 감상해 보자.

다음 그림은 그의 작품집 'NANO ART'에 실린 세계에서 제일 작은 미국 성조기이다. 이 사진은 2017년 JEOL Grand Prize TEM winner로 선정되기도 했다. $MoTe_2$는 그래핀과 같이 이차원 판이 겹쳐진 상태로 존재할 수 있는 물질이다. 일반적으로 물질은 환경이 바뀌면, 특히 온도와 압력이 바뀌게 되면 그 형태가 변한다. 즉 그 환경에서 제일 안정한 원자결합을 가진다는 것이다. 1기압 30℃에서는 물(H_2O)로 존재하던 것이 1기압 －5℃에서는 얼음(H_2O)으로 존재한다는 것과 똑같은 이치이다. 환경이 변하면서 판형태의 $MoTe_2$가 직경 0.8nm를 가진 와이어 형태의 Mo_6Te_6와 Te으로 분리되고 있는 과정을 포착한 상황을 촬영했고 특정한 부분에 임의로 색을 입혔다. 과학적으로도 많은 의미를 내포하면서도 신기하고 아름다운 영상을 만들어 냈다.

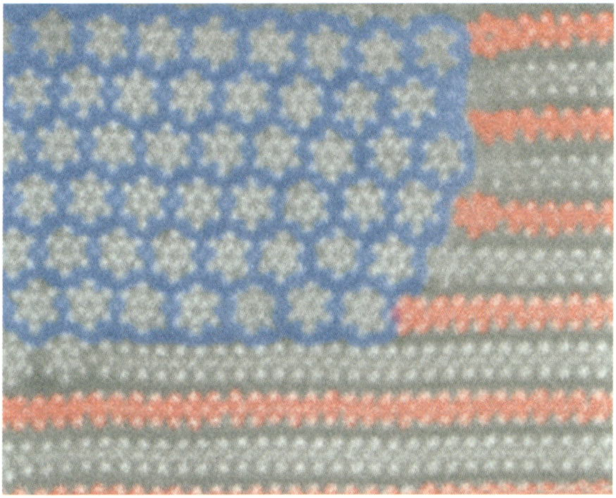

Nano U.S. Flag, 2016, $MoTe_2$ 2차원 판상으로부터 1차원 Mo_6Te_6으로 변태하는 과정을 촬영했다. 2차원 판상형태의 $MoTe_2$에 빨간색과 하얀색을 입혔다. 1차원 Mo_6Te_6의 수직면은 6개의 Mo(Molybdenum)을 6개의 Te(Tellurium)이 둘러싼 구조를 가지고 있다. 출처: Moon Kim, NANO ART

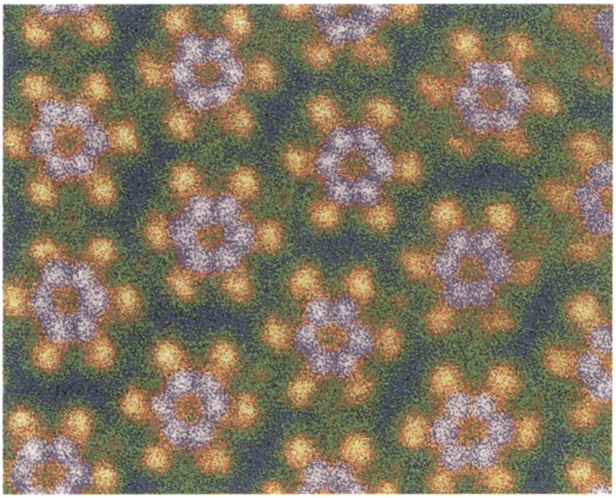

Atomic Flower, 2016, 1차원 Mo_6Te_6 나노 와이어를 수직으로 촬영했다. 직경 0.8nm의 원자 꽃의 바깥쪽 원자는 Te(Tellurium), 내부 원자는 Mo(Molybdenum)이다. Te은 오렌지색 Mo는 보라색을 입혔다. 출처: Moon Kim, NANO ART

다음 그림은 Mo_6Te_6만 존재하는 영역을 촬영한 사진이다. 이번에는 특정 원자에 각기 다른 색을 입혔다. Mo 원자는 보라색, Te 원자는 오렌지색을 입혔다. 그러자 0.8nm 직경의 와이어 절단면이 바깥쪽은 Te이 둘러쌓고 내부는 Mo이 뭉쳐서 결합한 규칙적인 원자배열이 아름다움을 자아낸다.

재료과학자인 필자는 아름다운 김 교수님의 작품에, 꼭 독자를 위해서라도 과학적인 내용을 설명해야만 직성이 풀린다. 특정 원자에 색깔을 입히고 원자를 구분할 수 있다는 것은 과학자에게 어마어마한 정보를 제공한다는 것이다. 거듭 말하지만, 재료의 근본적 원리, 물질의 특성은 최 외곽 전자의 행동과 거취가 정한다.

그런데 그 전자의 행동이 일으키는 최고의 결과가 원자결합이다. 즉 원자가 같은 종류의 원자끼리 혹은 다른 원자와 인접해 결합할 경우, 원자의 위치와 결합방향을 결정한다는 것이다. 유레카! 원자의 종류, 원자의 결합 그리고 그들의 방향이 물질의 성질을 결정하는 것이다.

즉 우리가 물질을 변화시키거나 물질의 특성을 향상시키는 것은 원자결합을 바꾸는 행위이다. 만약, 그림에서 볼 수 있는 원자 꽃(Mo_6Te_6)의 둘레를 차지한 6개의 Te 중의 하나를 다른 원자로 바꾼다면 이 나노와이어의 성질은 바뀌게 된다.

이렇게 물질 내부의 결합된 원자를 바꾸어 성질을 바꾸는 기술은 생물, 화학, 재료분야에서 새롭고 우수한 특성을 구현하기 위해 끊임없이 시도되고 있다.

다소 생뚱맞지만 후기 인상파 최고 화가 중 하나인 빈센트 반 고흐의 '별이 빛나는 밤'을 감상해 보자. 원래 과학자마저도 연구만 쉬지 않고 해대면 좋은 연구결과를 내지 못한다. 음악, 미술 등을 포함한 다른 분야에도 조예가 깊어야 한다.

세상은 매우 다채롭고, 사람들은 더욱 다양하다. 인생은 다양함의 조화 속에서 풍성해지고, 그들을 간접적이나마 경험할수록 삶에 후회가 없게 된다. 필자가 느낀 고흐의 '별이 빛나는 밤'은 소용돌이로 표현된 강열함과 과한 강조이다.

그런데 독자들마다 느끼는 감정은 다를 것이다. 만약 전부 같은 감정을 느껴야 한다면, 그것은 사람의 정의에 위배된다. 그리고 똑같이 느껴야 된다는 사고도 매우 위험하다. 어쨌든, 만약 무엇에 대한 비슷한 느낌을 가지는 사람끼리 만나면 왠지 친근하고 의기투합되기도 한다. 그래서 같은 취미를 가지는 사람끼리는 서로 친해지기 쉬운 것이다.

빈센트 반 고흐의 별이 빛나는 밤(The Starry Night) 고흐가 생레미 요양원에 있을 때 그린 그림이다.

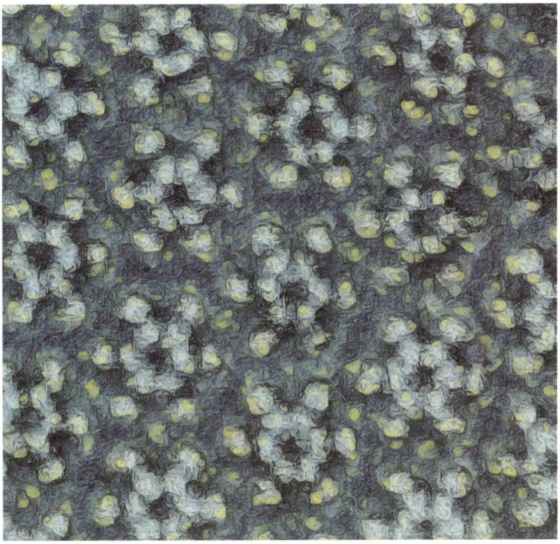

Atomic Flower, 2016, AI style(Van Gogh, Starry Night), Mo_6Te_6 나노 와이어의 수직 단면은 고흐의 화풍과 융합됐다. 출처: Moon Kim, AI NANO ART

김 문제 교수는 고흐의 그림 '별이 빛나는 밤'을 인공지능(Artificial Intelligent, AI)에게 학습시켜 그 속에서 일반적으로 표현되는 패턴을 찾아냈다. 현재 세계적으로 유행하는 인공지능이란 단어가 암시하는 것과 같이, 사람같이 생각하는 소프트웨어라 정의해도 무방하다. 그는 인공지능이 느낀(?) '별이 빛나는 밤'의 패턴을 본인의 작품 'atomic flower'에 덧입혔다. 물질에서 발견한 아름다운 규칙성에 위대한 화가의 화풍을 결합하여 또 다른 작품이 탄생한 것이다.

작품을 보면 강렬함이 느껴지지 않는가? 필자는 남녀가 모여 무도회를 가지는 것이 연상됐다. 남자와 여자가 뱅글 뱅글 돌면서 가운데를 중심으로 모임과 헤침을 반복하는 모습의 한 순간을 위에서 본 그림으로 생각된다. 너풀거리는 옷이 회전해 부풀어 오르는 장면, 사람마다 느끼는 감정이 다르겠지만 필자는 그것이 우선 떠올랐다. 여하간, 40cm×40cm 크기로 어마어마하게 확대하여 필자의 집 거실에 장식하고픈 그림이다.

다시 과학자의 입장으로 독자들에게 말하고 싶은 것이 있다. 물질의 초미세구조를 본다는 것은 생각보다 쉬운 작업이 아니다. 나이가 지긋한 분들이 자주 하는 말 중에 '세상은 만만치 않다'가 아마도 상위 랭크를 차지하지 않을까 싶다.

필자는 초등학교 과학반 활동에서 식물의 파란 잎을 수 백배로 관찰하는 실험을 한 적이 있다. 잎의 아랫면에 있는 기공을 관찰하라는 것이었는데, 광학 현미경을 이용하기에 적합한 시편을 만들어야 했다. 지금이야 내 딸이 가지고 있는 장난감 같은 현미경마저 시편에 빛을 쬘 수 있는 장치가 있다. 그 당시 시편에 빛을 쪼이게 하는 것이 경통 밑에 달린 거울이었다. 그래서 시편(잎)에 빛을 투과해야만 볼 수 있었다. 앞서 언급했듯이 무조건 눈 안에 빛이 들어와야만 우리는 볼 수 있다. 보고 싶은 부분에 빛이 투과될 수 있도록 파란 잎을 얇게 칼로 벗겨내는 것이 힘들었던 기억이 난다.

높은 배율로 관찰한 다는 것은 관찰대상, 즉 시편이 잘 준비되어야 한다. 상식적으로 높은 배율로 관찰한다는 것은 매우 작은 부분을 본다는 것이다. 수십만 배의 배율로 관찰할 수 있는 투과 전자현미경(Transmission Electron Microscope:TEM)에 요구되는 시편의 두께는 대상에 따라 다르지만 1μm 이하로 얇아야만 한다. 게다가 시편을 만드는 과정에서 원자결합이 바뀌는 손상을 주면 우리가 관측하고 싶은 대상이 아니게 된다. 정말 갓 태어난 아가를 조심해서 안는 것과 같이 정성을 다해야만 한다.

투과 전자현미경 관찰을 위한 시편을 준비하는 과정을 소개하고자 한다. 우선 관찰하고 싶은 재료를 자른다. 이때도 정말

정밀한 커터를 사용해야 한다. 그리고 열심히 간다. 많은 학생들이 이 갈아대는 공정(연마, polishing)을 지루하다고 말한다. 시편을 적당히 갈아내 어느 정도 얇은 두께가 되었다면, 산에 녹이거나(전해연마) 이온을 폭격하는 장치(이온밀링)에 넣어 두께를 더 얇게 만든다. 완성되었다고 생각되면 드디어 투과전자현미경 안의 시편을 장착하는 장치에 넣는 것이다.

이 과정은 보통 수 주일이 걸리기도 하지만, 완벽한 사진을 단 번에 얻어내는 일은 거의 없다. 초미세구조 사진을 아름답게 찍어 내는 과학자들은 이렇게 지루한 과정을 묵묵히 견뎌낸 장인들이 많다. 그런데 이 지루한 작업을 과학자들이 계속하게 내버려 두지 않는다. 조금이라도 인간을 편안하게 하는 기술을 개발하는 것이 과학자의 책무이기 때문이다. 앞서 언급한 것과 같이 이온을 폭격하여 시편을 깎아내 두께를 감소하는 공정을 이온밀링(Ion milling)이라고 한다.

보통 물질은 세 가지 형태를 가진다. 독자들이 너무나 잘 알고 있는 고체, 액체 그리고 기체이다. 기체 상태의 물질은 매우 자유로운 원자 또는 분자들인데, 기압이 낮고 전압이 가해진 상태(전기장이 가해진 상태)에서 재미있는 행동을 한다. 원자가 전자를 잃어버리고 양이온과 전자로 분리되는 것이다. 진공의 챔버(Chamber, 방 또는 밀폐된 공간)에 Ar 원자들(Ar 가스)을 주입하고 전기장을 가해주면 약 만 분의 1 확률로 Ar원자는 Ar+ 이온과 전자들로 분리된다. 이렇게 분리된 양이온과 전자가 공존하는 상태를 플라스마(Plasma)라고 한다. 지구의 환경과 달리 우주 공간에는 생각외로 플라스마 상태로 존재하는 물질이 많아, 일부 과학자들은 물질은 세 가지 형태, 즉 고체, 액체 그리고 기체로 존재하는 것보다 네 가지 형태, 고체, 액체, 기체 그리고 플라스마로 존재한다고 말하는 것이 더 타당하다고 한다.

필자는 두 의견이 다 옳다고 생각한다. 왜냐하면 환경, 즉 온도, 기압, 전기장, 자기장, 응력 등등의 조건에 따라 원자결합의 형태가 바뀌기 때문이다. 원자결합이 바뀌었다는 것은 물질이 변하거나 바뀌었다는 것을 의미한다.

플라스마 상태에서 음극과 양극이 존재한다면 어떠한 일이 발생할까? 전기적으로 중성을 만드는 일은 자연계가 극히 선호하는 일이다. 자석의 남극(S극)과 북극(N극)이 서로 붙으려고 하는 힘보다 양극(+)과 음극(-)이 붙으려는 힘은 수천억 배 이상 크기 때문이다. 우리가 잘 알고 있는 소금(NaCl, 염화나트륨)은 양이온(Na^+)과 음이온(Cl^-)이 이온결합한 물질이다.

만약 이온들을 사람크기로 확대하면, 결합된 양의 나트륨과 음의 염소이온을 떼는 힘은 에베레스트 산을 통째로 드는 힘이 필요할 정도로 전기적 힘은 크다. 그래서 플라스마에 전기장을 가하면, 즉 음극과 양극을 거치하면, 양이온은 음극에 전자는 양극에 충돌한다. 전자는 너무 가벼워 양극의 물체에 그다지 물리적 타격을 입히지 못하지만 양이온은 전자보다 매우 무겁기 때문에 음극의 물질에 심한 물리적 손상을 입힌다. 양이온 충돌은 심지어 음극의 물질을 구성하고 있는 원자들의 결합을 끊어 버리고, 그 충돌에너지가 결합이 끊어진 원자들에게 전달되어 머나먼 공간으로 흩뿌려지게 한다. 이것이 바로 이온밀링(Ion milling)과 스퍼터링(Sputtering)이라 불리는 진공증착법의 원리이다.

이러한 원리가 밝혀졌는데, 지루하도록 오랜 시간이 걸리는 이온밀링을 과학자들이 개량하지 않을 리는 없다. 1977년 미국 휴즈(Hughes) 연구소의 슬리거(R. Seliger)는 시편의 전 표면에 이온이 주입되지 않고 원하는 부분에만 이온을 주입되도록 이온빔을 퍼지지 않게 뭉쳐서 조사할 수 있는 방법을 개발했다.

그리고 일본전자(주)가 이온빔을 레이저 광선과 같이 가느다란 빔 형태로 조사(照射)되도록 하는 집속 이온빔(Focused Ion Beam, FIB)장치를 개발하였다. 또한 기존 플라스마 상태를 만들기 위해 사용된 아르곤원자(Ar, 원자번호 18, 원자량: 39.95)을 이용하지 않고 보다 무거운 원자인 갈륨(Ga, 원자번호 31, 원

자량: 69.72)를 사용해 보다 파괴력이 있는 이온빔을 만들 수 있게 되었다.

무거운 이온들이 연속적으로 충돌해 대니 웬만한 물질의 원자결합은 쉽게 끊어져 버리고 뜯긴 원자들은 허공으로 분산된다. 요즘엔 전자현미경 시편을 만들기 위해 집속 이온빔(FIB) 장치를 자주 이용한다. 왜냐하면 집속 된 이온빔은 물질(시편)의 원자결합을 끊을 수, 즉 깎아낼 수 있기 때문이다. 따라서 이온빔 위치를 잘 조정하면 심지어 마이크로미터 규모의 조각까지 할 정도이다. 텍사스 대학교 김 문제교수는 시편을 만들기 위한 집속 이온빔 장치를 이용해 다음과 같은 작품까지 만들어 냈다.

Nano Starry Night, 2008, 실리콘 표면에 이온집속빔을 조절하여 재현한 고흐의 '별이 빛나는 밤', 높이 12 마이크로미터, 폭 15 마이크로미터이다. 출처: Moon Kim, NANO ART

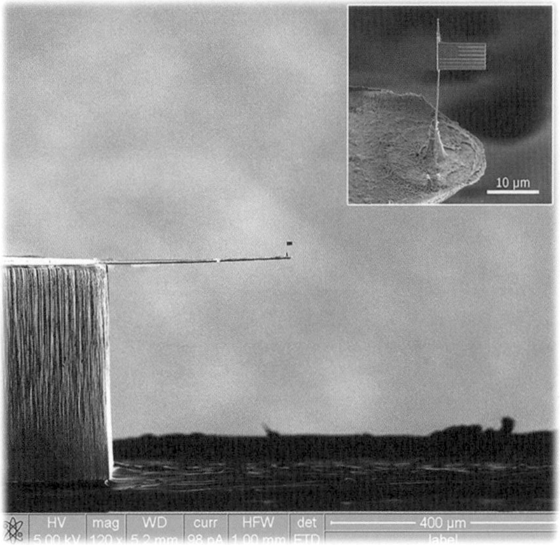

Flag on the Brink, 2006, Scanning probe microscope tip에 제작한 깃발을 붙였다. 국기의 폭은 5 마이크로미터이다. 출처: Moon Kim ,https://moonkim.org/

이온빔에 의해 깎여진 물질은 깊이 그리고 거칠기 차이에 의해 명암이 정해진다. 이온빔을 조절해 그의 연구팀은 실리콘 표면 위에 고흐가 보여준 역동성을 재현하는 데 성공했다. 그의 연구팀은 집속 이온빔장치를 이용해 깃발형태의 조각까지 해냈고, 이는 명실 공히 세계에서 제일 작은 조각이라 할 수 있다.

예술과 기술(과학을 포함하는 단어)이란 단어는 고대 그리스어 '테크네'에서 파생되었다고 한다. 이렇게 그의 저서 '예술을 꿀꺽 삼킨 과학'은 기술의 공통분모에서 예술과 과학이 서로 보완하여 발전했다고 피력한다. 새로운 기술로 개발된 인공지능은 새로운 캔버스가 되고 집속 이온빔 장치는 새로운 붓과 조각칼이 될 수 있다.

N E O A L C H E M I S T

제3장

탱탱한 고무와 금속

제3장 탱탱한 고무와 금속

3-1 원래 제 자리로

우리가 일상생활에서 볼 수 있는 많은 재료 중에 고무가 사용되지 않는 것은 찾아보기 힘들다. 고무(Rubber, gum)란 것을 상상해 보자! 풍선, 축구공, 배구공 그리고 야구공 등등. 야구공에는 고무가 들어있지 않다고 주장하는 독자도 있을 법하지만 실제로 코르크(Cork, 후크가 cell을 발견했던 그 코르크)에 고무를 입혀 야구공에 탄성을 부여한다.

그뿐이랴, 웬만한 옷에도 고무가 들어있고 혹시나 체육복 바지에 고무가 없다면 예전 조선 시대 옷처럼 바지가 흘러내리지 않도록 천으로 된 끈을 이용해 바지춤을 둘러서 매야한다. 특히 고무가 없는 속옷은 상상하기도 싫다. 그런데, 이렇게 우리 생활에 파고든 고무가 발견된 것은 옷의 역사에 비해 매우 짧다. 게다가 그 발견자는 우리가 잘 알고 있는 콜럼버스이다. 1495년경, 그는 지금의 아이티 섬에 상륙했고, 당시 섬의 원주민이 어떤 수액으로 만든 탄력성이 있는 둥근 물체를 가지고 놀고 있는 것을 발견하여 이를 유럽에 소개했다.

당시 문명이 발달했다고 자부하던 유럽인들은 이 고무란 것에 대해 전혀 아는 바가 없었다. 그도 그럴 것이 당시의 유럽인들도 공놀이를 즐겼으나, 실을 감아서 만든 공을 게임에 이용했던 것이다. 고무가 가지는 탱탱함, 즉 원래의 형태대로 복원되는 특별한 성질에 매료된 유럽인이지만, 고무를 가지고 노는 것에만 그쳐 사실 18세기가 되어서도 고무를 이용한 별다른 상품이 나오지 않았다.

유럽인의 시각으로 볼 때, 고무는 새로운 상품이었지만 사실 지금의 멕시코를 포함한 중앙아메리카에서 고무의 역사는 최소 3000년 전으로 거슬러 올라간다.

BC 1200년경부터 약 300년 정도 번성한 후 BC 900년 경 멸망한 메소아메리카(멕시코와 중앙아메리카 북서부에 걸쳐 유사한 문화를 공유한 지역) 최초의 올멕(Olmec) 문명의 '올멕'이란 단어 자체가 '고무나무 사람'이란 뜻이다.

고무의 고고학적인 최초 증거는 올멕인들이 놀이에 이용한 공에서 발견되었고, 그 후 마야(Maya) 및 아즈텍(Aztec) 문화에서도 고무가 여전히 사용되었다고 여겨진다. 그런데, 아즈텍 문화에서는 드디어 고무를 이용해 용기를 만들거나 직물에 고무수액을 스며들게 해 방수기능을 부여한 옷을 만드는 등 다른 목적에 사용하기도 했다고 한다.

고무가 유럽에 소개된 후, 스코틀랜드의 화학자겸 사업가 찰스 매킨토시(Charles Macintosh)는 고무의 특성에 주목한 사람 중의 하나이다. 그는 옷감의 원단을 직조할 때, 실과 실 사이의 공간에 물이 스며들거나 투과된다는 사실을 깨닫고 어떻게 하면 옷감에 물의 침투를 막을 수 있을까 고민했다. 그때, 물이 투과되지 않는 고무를 떠올렸고, 액상고무를 원단에 침투시키는 방법을 개발했다. 그래서 그는 그 유명한 '매킨토시 레인코트'를 개발하게 되었다.

필자 정도의 나이가 있는 사람이라면 매킨토시란 말을 들을 때, 예전의 애플사에서 개발한 조그만 컴퓨터를 떠올리는 사람들이 많다. 요즘 젊은 사람들은 아마도 그 컴퓨터를 연상하지 못하는 사람도 더러 있을 수 있다. 그런데, 유럽 특히 영국 사람들은 매킨토시란 말을 듣고 애플사 초기 컴퓨터인 맥킨토시 이외에도 비가 올 때 입는 옷인 매킨토시 레인코트를 떠올리는 사람도 많다고 한다.

우리나라는 영국처럼 비가 자주 오는 곳이 아니어서 맥킨토시와 레인코트를 연관시키는 것이 생소할 법하다. 여담이긴 하지만 애플사의 컴퓨터 매킨토시는 그 당시 컴퓨터 제작 프로젝트를 수행하고 있던 직원 제프 래스킨(Jef Raskin)에 의해 그 이름이 붙여졌는데, 자신이 제일 좋아하는 사과의 품종인 매킨토시(Mcintosh)에서 착안했다. 역시 애플사 직원답다.

천연 갈대를 이용해 비를 피할 수 있는 옷을 입고 있는 아메리카 원주민, 그리고 레인코트입은 어린이.
출처: 위키피디어, Jim Grandy

현재 유통되고 있는 천연, 즉 자연에서 발생되는 고무는 주로 헤베아·브라질리엔시스(Heavea Brasiliensis)라 하는 고무나무에서 채취된다. 고무나무에 상처를 낼 경우 라텍스(Latex, 유액(乳液))를 방출한다. 라텍스는 수지(플라스틱의 주성분, 고분자임)가 물에 콜로이드 상태로 골고루 분포되어 있는 것을 말한다.

소금이나 설탕은 물속에 원자단위로 분해되어 용해되어 있는데 고무의 원료가 되는 이 수지는 그냥 작은 알갱이로 물에 떠있는 상태다. 사실 우유도 카세인이라는 작은 단백질 알갱이가 물에 녹지 않고 둥둥 떠있는 상태인데, 라텍스도 우유와 같이 작은 고무수지 알갱이가 물속에 떠다니는 액체라 할 수 있다. 탄력이 있는 이 알갱이들은, 라텍스(고무수액)에서 물을 건조시켜 빼낼 경우, 서로 뭉쳐서 우리가 알고 있는 천연고무가 되는 것이다. 즉 라텍스는 고무성분의 수지가 물에 섞여 있는 나무의 수액이다. 따라서, 나무의 진이라는 뜻을 가지고 있는 영어 '검(Gum)'이 일본으로 전래되어 고무라는 단어가 되었다.

고무를 지켜본 많은 사람들은 다른 사용처도 찾아냈다. 영국의 에드워드 네언(Edward Nairne)은 중앙아메리카에서 가져온 천연 고무로 색다른 쓰임새를 찾았는데, 그것은 종이 또는 다른 물체의 표면을 고무로 문지르면 그 표면이 쉽게 벗겨진다는 것을 발견했다. 그래서 '문지르다'는 뜻의 영어단어 '럽(Rub)'을 변형시킨 rubber가 고무지우개를 뜻하는 단어가 됐다. 예를 들어 유리에 어떤 물질을 코팅할 경우, 탄성을 가진 고무지우개로 그 코팅 표면을 문지르면 웬만한 접합성을 가지지 않는 한 코팅막은 지우개의 문지름에 버티지 못하고 벗겨져 버린다. 다른 물질에 잘 붙고 탄성을 가진 지우개의 이러한 성질을 이용해, 현재는 코팅 막의 안정성을 실험하는 장비로 제작되어 우리들이 사용하는 텔레비전, 휴대폰등에 코팅되어 있는 막의 안정성을 평가하기도 한다. 이렇게 물질의 특성을 잘 이해하면 여러 곳에 응용할 수 있다.

에드워드 네언과 동시대에, 고무가 다른 물질과 잘 붙는다는 것을 이용한 사람은 더 찾아볼 수 있다. 독자도 잘 알고 있겠지

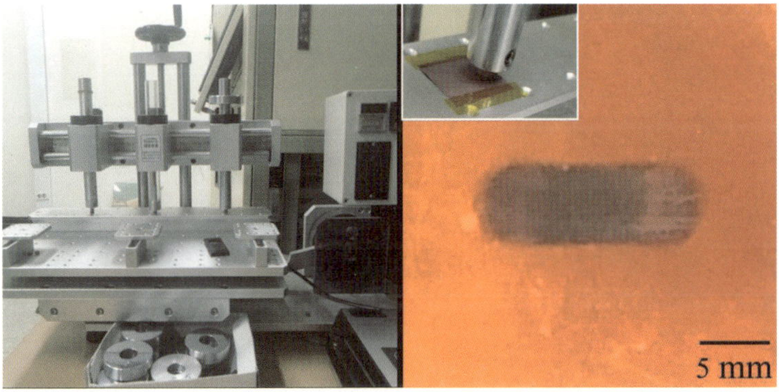

지우개 실험기(Rubbing tester), 순구리 표면을 250도에서 3분 열처리하여 구리표면에 얇은 산화막을 만들었다. 지우개 실험기를 이용해 500 뉴턴(N)의 무게로 500회 문지른 후의 표면, 역시 구리의 산화막은 구리와 약하게 붙어 있었다.

만 예전 유럽의 화가들이 목탄으로 그림을 그렸고, 그것을 지워야 했을 때, 식빵 조각을 사용했었다. 당시 영국의 유명한 화학자 조지프 프리스틀리(Joseph Priestly)는 생고무를 목탄으로 그려진 그림에 문지르면 빵보다 훨씬 쉽게 지울 수 있는 것을 보고 감탄을 금치 못했다. 유명한 사람의 언행은 삽시간에 대중에게 전파되는 법이라 이것이 우리가 잘 사용하고 있는 생고무 지우개(Rubber)의 탄생으로 이어졌다.

여기서 지우개의 원리에 대해 반드시 짚고 넘어가야겠다. 그러기 위해선 목탄이나 연필심에 대해서도 알고 넘어가야 한다. 과학과 기술은 이렇게 연관된 사항을 다 이해하는데서 발전하기 때문이다. 목탄과 연필을 이용해 종이에 글과 그림을 그릴 수 있는 이유는 그들이 흑연으로 만들어졌기 때문이다.

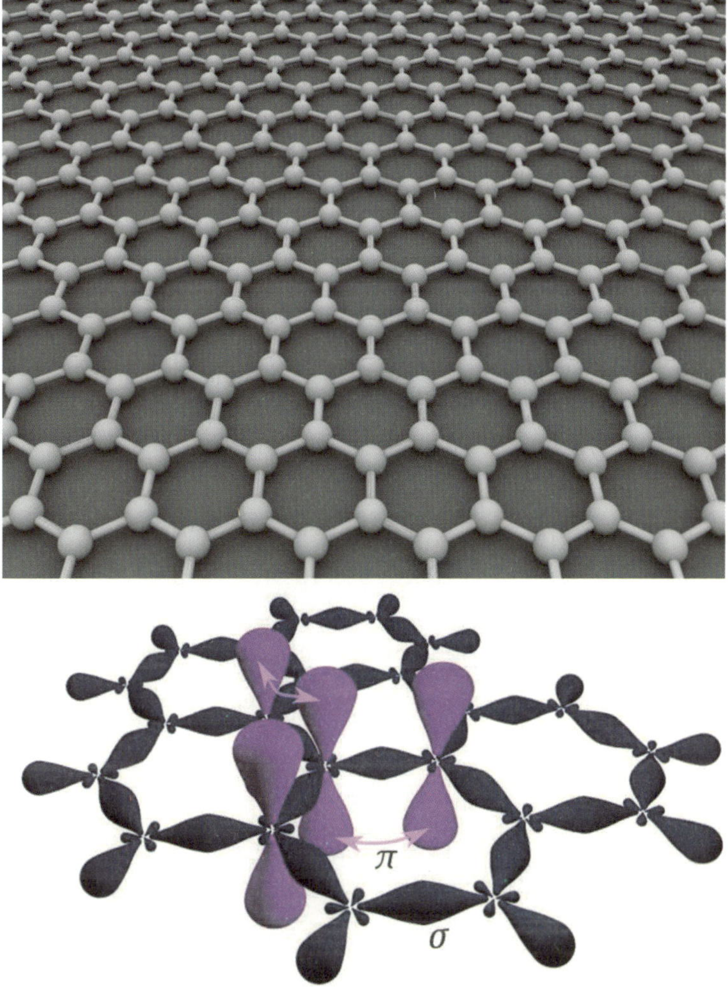

그래핀 원자모형과 그래핀에서의 시그마 결합과 파이 결합. 시그마 결합은 정육각형을 이루는 결합이고, 파이 결합은 다른 탄소와 결합을 하지만 전자를 쉽게 이동시킨다. 그림출처: 위키피디어, by AlexanderAlUS and Ponor

흑연(Graphite)의 원자구조를 살펴보면, 육각형으로 원자가 결합한 평면이 펼쳐져 있고 페스트리 빵처럼 평면들이 겹겹이 겹쳐져 있는 형태이다. 4가면 원자가 4개 결합되어 있어야 안정할 텐데, 전자가 3 방향으로만 공유하면서 강하게 결합되어 있다(시그마 결합). 공유에 참여하지 못한 나머지 전자는 탄소 1개당 육각형 결합과 수직하게 분포하게 되고 이웃 탄소 원자와 약하게 결합한다(파이 결합). 파이 결합을 하는 전자는 육각형 원자구조 평면 위를 자유롭게 움직일 수 있어서 전기가 잘 흐른다. 이러한 결합방식으로 탄소가 규칙적인 육각형 구조를 이루며 결합한 판을 그래핀(Graphene)이라고 한다.

탄소 원자끼리 전자를 공유하기 때문에 너무나 세게 결합하여 어마한 온도인 섭씨 3700에서 4300도(순도에 따라 녹는점이 차이 난다)에서나 결합이 끊어져 액체가 된다. 철의 녹는점이 섭씨 1538도이니 결합이 어지간히도 강하다는 것을 짐작할 수 있다. 그런데, 육각형 구조의 판과 판사이의 결합은 전혀 양상이 다른데, 붕 떠있는 전자를 판사이의 원자들이 공유하는 것이 아니라 그냥 전기력으로 붙어 있다.

즉 흑연(Graphite)은 그래핀(Graphene)들이 겹쳐져 전기적으로 붙어있는 것이라 할 수 있다. 그래서 약간의 힘만 주어도 원자가 강하게 결합된 층(그래핀)이 밀려서 층간 결합이 쉽게 끊어진다. 종이와 연필심이 만날 때, 종이와 그래핀의 결합력(전기력)은 그래핀간의 결합력보다 크다. 그래서 흑연에서 떨어져 나간 그래핀 덩어리는 종이에 붙어 버려 글과 그림이 될 수 있는 것이다.

자연의 법칙은 약육강식의 세계인 것과 같이 물질은 결합력이 지배하는 세계라고 할 수 있다. 종이에 붙은 그래핀 덩어리가 고무를 만났을 때(문지를 때) 그래핀 덩어리와 고무의 결합력은 종이와 그래핀 덩어리의 그것보다 크다. 종이에서 떨어져 나간 그래핀 덩어리는 고무지우개와 만나고 그들은 검댕이 묻은 지우개 찌꺼기로 남는 것이다. 연필을 자세히 들여다보면, HB, 4H 그리고 4B와 같은 기호가 적혀있는 것을 알 수 있다. 연필심에 흑연이 얼마나 포함되어 있는 것을 나타내는 기호이다.

지금은 성분이 달라졌지만 예전에 사용했던 연필심은 흑연과 진흙을 혼합하여 만들었다. 흑연이 많을수록 B, 진흙이 많을수록 H의 크기가 크다. 즉 흑연이 많을수록 부드러우면서 진하게 써지고 진흙이 많을수록 딱딱하고 연하게 써지는 것이다. 지금은 진흙대신 합성수지를 사용하고 있다.

이렇게 고무는 차근차근 우리의 일상에 파고들기 시작했다. 그런데 아직은 강도가 너무 약해 많은 상품에 적용하기 어려웠다. 고무 이용의 대변혁은 어느 한 사람에 의해 우연히 시작된다.

3-2 딱딱한 고무

천연고무는 어느 정도 크게 만들면 중력조차 이기지 못하고 축 늘어졌다. 탱탱하고 늘어나는 성질은 너무나 편리한데, 탄력을 유지하면서도 적당히 딱딱하면 쓰일 곳이 수백 배로 늘어날 터였다.

1839년 어느 날, 금속회사에 근무하던 찰스 굿이어(Charles Goodyear, 1800~1860)는 고무를 이용한 실험을 하고 있었다. 그는 독학으로 화학을 공부한 화학자였다. 여러 위인들의 일화들을 살펴보면, 가끔 아주 우연한 계기로 대발견을 이루는 경우가 왕왕 있는데, 굿이어 역시 그런 사람 중의 한 명이었다. 그는 어느 날 실험하고 남은 고무를 책상 위에 놔두고 점심을 먹으러 갔다가 돌아온 그는 깜짝 놀라고 말았다. 어디선가 나타난 고양이가 책상 위의 고무를 가지고 놀고 있었던 것이다. 사람이나 고양이나 말랑말랑한 것을 가지고 놀고 싶은 모양이다. 굿이어는 고양이를 쫓아내려 했다. 하지만 고양이는 개 다음으로 정돈된 상태를 엉망으로 만드는 명수여서, 도망가는 와중에 책장 위에 있는 병을 뒤집고 도망가버렸다.

나중에는 고양이가 고마웠겠지만 당시의 굿이어는 깜짝 놀랐다. 병의 내용물이 하필이면 고무덩어리 위에 쏟아졌고 표면은 흰 가루로 범벅이 되었다. 오전 내내 공들여 만든 고무덩어리가 지저분해지자 너무 화가 난 굿이어는 옆방에서 기웃거리던 고양이를 향해 고무덩어리를 집어던졌다. 고양이는 다시 도망을 쳤다. 운은 연속으로 찾아오는 것일까? 고무덩어리는 하필 난로 위에 떨어졌다. 난로의 열에 그을린 고무덩어리를 발견하고 망연자실하던 그는 깜짝 놀랐다. 어떤 방법을 써도 끈적거리고 말랑하기만 하던 고무덩어리가 마치 어린아이의 볼처럼 탄력적이면서도 광택까지 나는 것이었다.

여기서 그가 확인해야 할 일은 단 하나였다. 병안에 무엇이 들어있는 가였다. 병에 붙은 라벨에는 '유황가루'라고 쓰여 있었다. 참으로 희한한 일이었다. 고무에다 유황을 섞은 적이 한두 번이 아니었는데, 이전과 다르게 왜 이번에만 고무가 이렇게 탄력이 있고 형태를 유지하면서 광택까지 나는 것일까?

굿이어는 금세 왜 이런 일이 일어났는지 알아차렸다. 여태까지는 유황만 섞어보고 가열을 해본 적이 없었다. 과학자에게 힌트는 피가 끓는 열정을 불러일으킨다. 당연히 굿이어는 천연고무, 유황 그리고 가열하는 실험에 몰두하게 된다. 마침내 최고의 탄력과 강도 그리고 광택이 나는 최적의 천연고무 및 유황의 양(상대비) 그리고 가열온도와 시간을 알아냈다.

1844년 굿이어는 이 실험 결과를 '가황법(Vulcanization)'이란 제목으로 특허를 냈다. 로마신화의 신 벌칸(Vulcan)은 그리스 신화에선 헤파이토스(Hephaestus) 라고 불리며, 그는 불을 다룬다고 알려져 있다.

드디어, 고무가 사용되는 영역이 공과 옷으로부터 다양한 분야로 확장될 수 있는 기술이 탄생한 것이다. 그런데, 적당한 수요가 있어야 하듯이, 굿이어가 발명한 고무는 그가 죽은 지 50년이 지나도 그다지 실생활에 파고들지 못했다. 그런데, 1898년 굿이어의 이름을 딴 회사가 설립되었다.

굿이어 타이어 및 고무 회사(Goodyear Tire & Rubber Company)인데, 그 회사는 굿이어의 가황법을 바탕으로 타이어를 만들어 판매하기 시작했다. 세상이 바뀌어 자전거가 대중화됨에 따라 타이어의 원료로 고무가 필요해진 것이다. 머지않아 자동차 업체에도 공급되기 시작했다. 1910년대에 자동차 산업이 번성하면서 굿이어사는 한때 세계 자동차 타이어 시장의 약 50%를 점유하기도 했다.

천연고무에 황을 섞어 가열한 고무가 세상을 평정하고 있을 즈음, 1907년 독일의 화학자 호프만(Fritz Hofmann, 1866~1956)은 세계 최초의 합성고무인 폴리이소프렌(Poly isoprene)을 인공적으로 합성하는 데 성공한 것이다. 폴리이소프렌은 천연고무와 성분이 거의 비슷했기 때문에 더 이상 천연

고무가 필요하지 않게 되었다. 그러나 호프만이 개발한 당시의 합성고무는 가황고무에 비해 너무 품질이 떨어졌고 가격도 비쌌기 때문에 아직까지는 가황고무의 인기는 따라잡을 수 없었다. 하지만 드디어 1920년대에 이르러 전 세계적으로 고분자화학이 발달하게 되면서 고무와 같은 중합체(Polymer), 즉 플라스틱의 성분 및 분자결합에 관한 과학적 원리가 속속들이 규명되었다. 드디어 합성고무가 천연고무를 완전히 대체하기 시작했다.

고무를 구성하는 최소단위인 이소프렌(Isoprene)은 5개의 탄소로 이루어져 있다. 고무의 미세구조를 살펴보면, 이소프렌(C_5H_8) 분자가 7000개 이상 연달아 달라붙어 있는 아주 미세한 실이 엉켜있는 구조를 가지고 있다. 실끼리의 결합력은 생각보다 크지 않아 서로 붙어있지 않고 조금만 힘을 주면 미끄러진다.

굿이어는 조금 온도가 높아도 흐물흐물하는 천연고무에 황을 첨가하고 가열하여 이전과 다른 탄력과 강도를 겸비한 고무를 만들었는데, 이때 첨가한 황은 이소프렌 실 사이에 위치하고 실들 사이를 연결하는 결합을 한다. 즉 황 원자가 실들 사이에 다리를 놓은 것과 같이 결합을 이루고, 이로부터 실들이 삼차원으로 연결되어 단단해진 것이다.

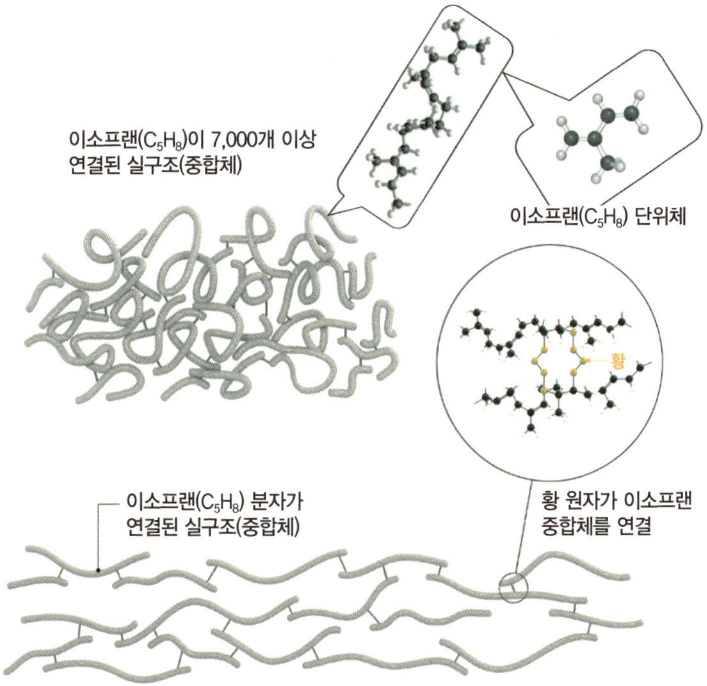

이소프렌분자가 연결된 실이 불규칙하게 뭉쳐져 있다. 이것을 양쪽으로 잡아당기면 이소프렌 실들이 나란히 배열된다. 당기는 힘이 사라질 때, 실들은 다시 불규칙하게 뭉쳐진다. 엔트로피가 큰 상태가 안정하므로 나란히 배열된 것보다는 불규칙하게 뭉친 쪽이 엔트로피가 높아서 고무는 이소프렌 실이 엉켜서 뭉쳐있을 때가 안정하다. 출처: 과학동아

고무의 탄성, 정확하게 말하면 늘어났다가 제자리로 복원되는 거리가 큰 이유를 과학적으로 짚고 넘어가야겠다. 우리가 살고 있는 우주에 존재하는 모든 물질은 열역학 법칙에 의해 그 형태 즉 원자결합이 정해진다. 즉 주어진 환경에 따라 물질의 제일 안정한 원자결합이 정해지고, 환경이 바뀌어 지금의 원자결합

이 불안해지면 다른 형태의 원자결합을 가지려 한다.

1기압 −5도의 물(H_2O)은 얼음을 이루는 분자결합을 가지고 있다. 온도를 10도로 올리면 얼음의 분자결합은 물의 분자결합보다 불안해진다. 즉 물의 분자결합이 안정하다. 그래서 물이 되는 것이다.

그리고 또 하나의 다른 안정함에 대해 예를 들어보자. 물 100그람에 1그람의 소금을 넣으면, 물 안에 소금이 그냥 있는 것이 아니라 소금이 나트륨과 염소이온으로 분리되어 물 분자들 사이에 공존하게 된다.

여기서 무질서하거나 규칙적이지 않은 정도를 나타내는 엔트로피란 개념이 등장하는데, 소금 결정과 같이 규칙적으로 원자들이 배열한 것보다 물에 녹아 나트륨과 염소 이온들이 여기저기 떠다니는 것이 더 혼란스럽기 때문에 소금이 물에 녹아있는 상태가 엔트로피는 더 크다는 것이다.

방을 어지럽게 하는 것보다 방을 깨끗하게 정돈하는 것이 시간도 에너지도 많이 든다는 것과 똑같은 이치이다. 무질서한 것은 뭔가 불편하지만 애석하게도 세상의 모든 것은 엔트로피가 증가하는 방향으로 진행된다. 즉 다른 조건이 동등할 때, 엔트로피가 큰 상태가 작은 상태보다 안정하다는 뜻이다.

고무의 이소프렌 실이 마구잡이로 엉켜있는 것과 나란히 배열되어 있는 것 중 어느 쪽이 엔트로피가 클까? 당연히 이소프렌 실이 혼란스럽게 엉켜 뭉친 쪽이 엔트로피가 크다. 고무를 힘써 잡아당기는 과정은 이소프랜실을 나란히 배열시켜 규칙적인 배열, 즉 엔트로피가 작아지는 과정이다. 그러므로 잡아당기는 힘을 멈추면, 고무는 원래의 엔트로피가 큰 헝크어진 실타래 구조로 돌아갈 수밖에 없다.

3-3 탄성이 필요한 물질

고무의 탄성은 다른 물질들에 없는 특별한 성질이다. 말랑말랑한 것 이외에 힘을 주면 원래 형태를 완전히 잃어버릴 정도로 변형되는데도, 힘을 빼면 바로 원래 형태로 돌아오니 쓰임새가 매우 많다.

그런데, 고무도 단점은 있다. 원래 제자리로 돌아오는, 즉 원래 형태로 복원되는 능력이 있기는 하지만 그 강도가 매우 낮은 편이다. 수천 킬로그램 또는 수천 톤의 힘에도 끊어지지 않고 복원되면 좋은데, 원자결합의 특성상 큰 힘에 견디지 못하고 파괴되어 버린다. 실제로 우리가 흔히 타고 다니는 자동차의 타이어도 차의 무게와 원심력을 견디기 위해 고무만을 사용하지 않는다. 강도를 보강하기 위해 철사 또는 나일론 선들이 혼합되어 제조된다.

또한 거의 모든 플라스틱이 그렇지만 금속이나 세라믹과 같이 장기간 분자결합이 유지되지 못한다. 예를 들어, 유리와 비닐 또는 투명 플라스틱을 수년간 햇볕에 노출시키면 유리는 누가 망치로 깨지 않는 한 전혀 변화가 없다. 그런데 비닐과 플라스틱은 색이 누렇게 변하기도 하고, 손으로 만질 때 부스러지기도 한다. 왜냐하면 태양으로부터 방사되는 자외선 또는 더 에너지가 높은 빛이 비닐 또는 플라스틱의 분자구조를 변화시키기 때문이다. 고무도 고분자의 일종이라, 강한 빛, 습기 그리고 다른 원소와 결합하기 좋아하는 산소의 공격을 받으면 원래 가지고 있던 원자구조를 유지하지 못한다.

타이어를 살 때, 제조 일을 꼭 따져봐야 하는 데, 고무가 가혹한 환경에 오래 노출될수록, 고무의 성질을 잃어버리기 때문이다. 요즘 타이어를 파는 곳에 질소 가스를 충전해 주는 경우가 많은데, 질소(N_2)는 삼중결합을 하고 있기 때문에 여간해서는 분자상태에서 원자상태로 변하기 힘들다. 그래서 기체 산소(O_2)가 산소원자(O)로 분리되어 고무의 분자들과 결합하는 것과 같은 일은 일어나지 않는다.

우리 대기는 산소를 약 21% 포함하고 있다. 산소, 특히 산소 원자 또는 산소 이온은 정말로 다른 원소와 결합하기 좋아하는데, 우리 몸의 활성산소란 산소 원자 또는 산소 이온을 의미한다. 산소는 호흡 그리고 산화반응에 의해 생물이 살아가기 필요한 열을 내는 것이 본연의 목적이지만 과다한 활성산소는 그 반응성으로 인해 역시 고분자의 일종인 우리 몸 세포들의 분자구조를 변화시켜 세포의 손상을 야기하기도 한다.

그렇다면 엄청난 힘에 견디며, 고무와 유사한 탄성, 정확하게는 복원할 수 있는 정도를 크게 할 수 있는 다른 재료는 과연 존재할 것인가? 과학자들은 큰 힘에 견디고 탄성이 큰 재료를 고분자가 아닌 다른 물질에서 찾아냈다.

고무가 아니어도 탄성을 가진 물질을 말하기 전에, 우선 탄성이란 단어의 정의를 정확하게 짚고 넘어가야 한다. 많은 사람들은 탄성 또는 탄력이란 말을 들으면 이미 감각적으로 알고 있다. 그래서 누구에게나 탄성을 가지고 있는 물질이 무엇이라고 묻는다면, 고무줄, 풍선 그리고 타이어라고 답한다.

그리고 탄력이란 말도 종종 쓰는 단어인데, 열심히 운동한 사람의 근육을 지칭하거나 배구선수가 점프를 잘할 때도, '탄력 있다'라고 표현하기도 한다. 즉 움직였는데도 원래 자리로 잘 돌아간다는 의미로 사용되는 것이 바로 탄성과 탄력이다.

다시 정확하게 말하면 탄성이란 외력에 의해 원래의 원자 및 분자의 위치가 변화되고 외력을 제거하면 원래의 원자 및 분자 위치로 되돌아가는 것을 의미한다. 이것은 비단 고무에만 국한되지 않고 모든 물질에 적용된다. 원자 혹은 분자 간 결합이 약한 액체는 외력을 가하면 형태가 변하고 외력을 제거해도 원래 형태로 돌아가지 못한다. 그래서 기체와 액체는 탄성이란 것이 존재하지 않는데, 물질을 구성하는 원자 또는 분자의 결합력이 매우 약하기 때문이다.

그런데 세라믹과 금속같이 딱딱한 물질은 고분자인 고무와 비교할 수 없을 정도로 원자간 결합이 매우 강하다. 강하게 결합되어 있는 원자들을 서로 다른 방향으로 잡아당기면 원자간 간격이 늘어나고, 잡아당기는 힘을 제거하면 다시 원래 원자 간 거리로 돌아간다. 그러므로 탄성이 있다.

아쉽게도 너무 결합력이 강해 외력에 의한 형태변화가 매우 적고, 너무 힘을 주면 결합이 끊어져 버린다. 결합이 끊어진다는 것은 물질이 변했다는 것을 의미한다. 금속이건 세라믹이건 결합이 끊어지지 않고 원자 간 거리가 늘어나는 정도는 원래 원자 간 거리의 최대 1% 밖에 되지 않는다.

고무줄에 힘을 가하면 원래 길이에 비해 10배 정도는 쉽게 늘어나지만 우리가 알고 있는 강한 플라스틱, 도자기, 철, 알루미늄 그리고 콘크리트는 원래 길이의 1%만 늘어나도 깨지거나 금속은 변형되어 버린다. 즉 원자 간 결합이 강한 재료는 탄성 변형량, 다시 원래 형태로 복원될 수 있는 변형량이 매우 작다.

요즘, 초인, 초능력이란 단어를 자주 듣는다. TV 드라마 또는 영화에 자주 등장하고 어린이에게는 너무 동경해 마지 않는 단어, 바로 SF(Science Fiction) 또는 판타지 드라마의 주역이 되는 기본 요건이다. '초(超)'의 사전적 의미는 '훨씬 뛰어난, 일반적인 예상에서 매우 동 떨어진, 또는 어떤 기준을 초월한' 등의 의미를 가진다. 즉 평균적인 예상과 아주 벗어난 특성을 가지고 있다는 말이다. 필자를 포함한 재료과학자들은 초(超) 자가 붙은 재료를 좋아한다. 즉 일반인이 예상하는 한계를 뛰어넘는 특성을 가진 재료를 만들고 싶어 한다. 우리가 알고 있는 금속도 이 글자를 붙인 것들이 많다. 그중에서도 초탄성 금속이란 것이 개발되었다고 알려졌다. 도대체 초탄성 금속이란 무엇을 의미하는 것일까? 그리고 초탄성 금속이란 것이 어떻게 만들어졌는지 한 번 살펴볼 필요가 있다.

학회나 회의 때문에 필자는 종종 일본을 방문하곤 한다. 역시 지진이 유명한 나라여서, 일본 체류 중 지진을 한 10여 회 정도 경험한 바 있다. 주변이 흔들리는 지진, 건물 안에 있을 때 경험한 것은 공원에서 느꼈던 것에 비해 그 공포감은 수십 배였던 것으로 기억된다.

지진 때문에 건물이 흔들려 탄성변형 한계(Yield point, 힘으로는 항복강도, 길이변화량으로는 변형률)를 넘어서면 구조물이 파괴되거나 휘어져 버린다. 생각만 해도 아찔한 일인데, 한 가지 예를 더 들자면 자동차를 생각해 보자!

새로 산 차 지붕에 야구공이 떨어져 야구공의 실밥이 보일 정도의 자국을 만들었다면 너무나 당혹스러울 것이다. 금속이니 깨지지 않아 그나마 다행이지만 탄성변형한계가 조금만 더 컸더라면 자국을 만들지 않고 원래대로 펴졌을 텐데, 일반 금속보다 탄성변형량이 큰 금속, 즉 초탄성금속으로 차 지붕이 만들어졌으면 하는 아쉬움이 남을 것이다.

금속은 탄성변형 이상을 넘어 힘을 계속해서 가하면 변형된 형태가 그대로 유지되는 소성(Plastic, 영구) 변형을 한다. 차의 지붕 위에 야구공이 떨어졌을 때, 움푹 파인 공자국은 바로 소성 변형이 일어났기 때문이다. 다른 쉬운 예를 들자면, 금속 젓가락을 아주 조금 구부리면 원래 형태로 되돌아가지만 더 힘을 주면 구부러진 형태 그대로 있게 된다. 그래도 금속은 구부러질지언정 깨지지 않는데, 유리 또는 도자기와 같은 세라믹은 탄성변형이 일어나는 한계를 초과하는 힘을 주면 깨져버린다.

그 이유는 세라믹과 금속이 가진 서로 다른 결합의 특성 때문이다. 금속은 한 원자가 주변의 원자와 최대한 많이 접촉하려고 한다. 접촉한 원자가 많을수록 안정하기 때문인데, 규칙적인 방향으로 정렬된 원자들을 한쪽 방향으로 밀거나 잡아당기면 원자 간 간격이 벌어진다. 탄성변형 한계거리 이하의 힘까지는 원자결합이 끊어지지 않고 간격만 벌어지고, 힘을 제거하면 다시 원래의 위치로 복원된다. 이것이 금속이 가지는 탄성 메커니즘이다. 원자결합이 끊어지지 않고 늘어나는 거리, 원자 간 간격을 늘어나게 하는데 걸리는 힘이 금속원자의 종류에 따라 제각각 다르기 때문에 탄성계수(일정거리만큼 늘어나는데 걸리는 힘)도 금속의 종류 그리고 성분에 따라 달라질 수가 있다.

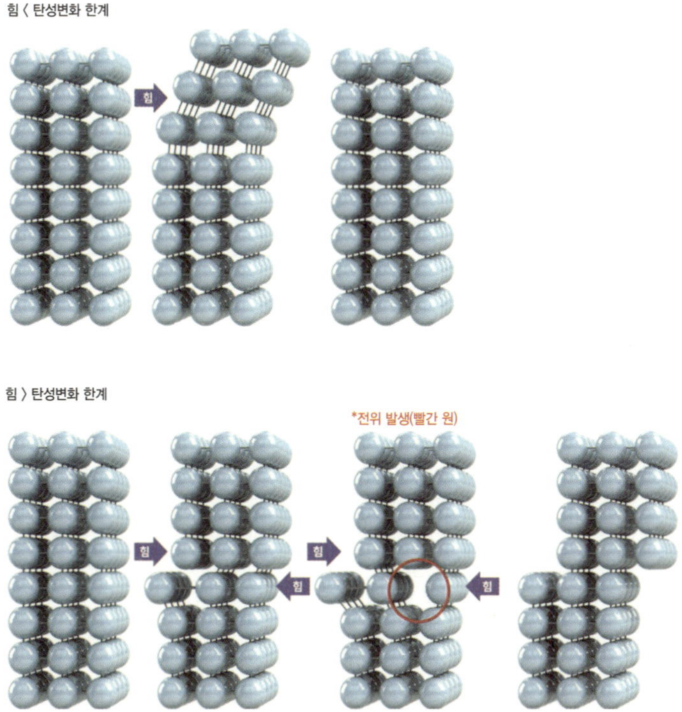

금속원자들의 집합, 즉 금속격자모델에 의한 탄성변형과 소성변형의 개념도, 외부에서 가한 힘에 의해 원자들이 원자결합을 끊지 않고 이동하면 탄성변형, 원자결합이 끊어지면서 이동하는 것이 소성변형이다. 금속은 원자결합이 열을 지어 끊어지는 전위(Dislocation)라는 현상이 잘 발생한다. 출처: 과학동아

물질을 이루는 데 있어서 매우 중요한 원리중 하나는 원자간 결합거리가 너무 작아서도 그리고 너무 커서도 안 된다는 것이다. 원자끼리 너무 가까워지면 상상을 초월하는 반발력(척력)이 발생하여 밀어내기 시작한다. 원자가 서로 멀어지면 원자는 서

로 다시 붙으려 한다. 그러나 어느 거리 이상 떨어지면 원자의 전자구조는 더 이상 결합하지 못하는 형태가 되어버려 다시 이전의 원자와 결합하지 못하고 분리된다. 이 때 파괴되어 생성된 면이 물질의 새로운 표면이다. 즉 원자 간격이 한계 이상 벌어지면 물질의 파국 즉 파괴에 이르는데, 딱딱한 세라믹은 탄성영역을 넘어선 변형이 일어날 때 그냥 새로운 표면을 만드는 것이 에너지 측면에서 안정하다.

그런데, 금속은 세라믹의 공유 또는 이온 결합과 달리 금속결합(금속이 이러한 형태의 결합을 많이 하니까 이름도 금속결합이라고 한다.)은 새로운 표면을 만들지 않고, 원래 붙어있던 결합을 재빨리 끊고 좀 더 가까운 원자와 결합하게 된다. 이 과정은 원자 수백억 개 이상이 줄지어 일어나므로 전자현미경으로 관찰하면 실처럼 보인다. 이것을 전위(Dislocation)라고 한다.

이러한 전위는 금속에 있어서 고맙기도 하고 귀찮은 존재이기도 한데, 소성변형 격자모델의 맨 오른쪽에 나타낸 그림처럼 전위가 표면으로 빠져나가면 좋을 텐데, 만약 그런 일이 일어난다면 철사를 한없이 늘여서 아주 가느다란 두께로 만들거나 계속 두드려서 아주 얇은 박(Foil)을 만들 수 있었을 것이다. 전위가 잘 이동하거나 전위가 아주 많아져도 금속이 파괴가 되지 않는 정도를 우리는 연성(Ductility,軟性) 또는 전성(Malleability,

展性)이라고 한다. 간단하게 연성은 길이 방향으로 늘어나는 정도, 그리고 전성을 면 방향으로 펴지는 정도로 정의된다.

우리가 알고 있는 금(Au)의 경우, 연성은 백금(Platinum, Pt)과 알루미늄(Aluminum, Al)과 유사하지만 전성은 모든 금속 중에서 제일 좋다. 금의 연성과 전성이 얼마나 좋은가를 설명해 보자면, 1g의 금으로 이렇다 할 처리 없이도 3.3㎞의 얇은 선으로 뽑아낼 수 있다. 게다가 망치로 두드려 펼 경우, 80cm×80cm 판 아니 박(Foil)으로 만들 수 있다. 이러한 성질을 이용해, 고급품을 포장할 때, 심지어는 고급술이나 음식에 얇은 금박을 입혀서 파는 경우가 있는데, 몸에 해를 주는 금속이 아니어서 다행이다.

화살표로 나타낸 직경 5mm의 작은 금 덩어리 와 그것으로 만든 0.5 제곱미터의 금박 표면, 그림출처: 위키피디어, By PHGCOM

아무리 금이라도 소성변형 격자모델의 맨 오른쪽 그림과 같이 전위가 변형만 일으키고 표면으로 말끔하게 사라지는 일은 전혀 발생하지 않는다. 수조 개 곱하기 수조 개 이상을 훨씬 초과하는 수의 원자를 가진 금속 덩어리는 그렇게 깔끔한 일이 일어나긴 힘들고 소성변형 격자모델의 세 번째 그림처럼 일반적인 금속은 소성변형을 일으키고 남은 전위를 가지고 있다.

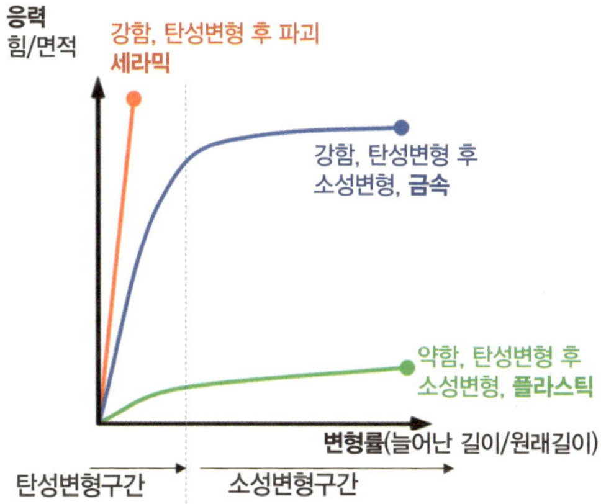

금속, 세라믹 그리고 플라스틱을 인장 실험했을 때, 응력과 변형률의 관계, 플라스틱은 연성이 매우 크고 세라믹은 딱딱함. 금속은 강하기도 하고 나름 연성도 큰 편이다.

어쨌든 금속에서의 탄성변형은 전위를 새로 만들지 않는 변형을 의미한다. 그래야지만 주어진 힘을 제거했을 때 원자들이 원래위치로 되돌아갈 수 있기 때문이다. 즉 금속이 탄성을 유지하는 힘을 항복강도(Yield strength) 그리고 변화량을 탄성한계량(Yield strain)이라 한다. 앞서 언급했듯이, 거의 모든 금속과 합금들의 탄성한계량은 원래 크기(길이)의 1%가 채 되지 않는다.

어떻게 하면 높은 강도를 유지한 채로 탄성변화량도 크게 할 수 있을까? 이를 해결하기 위해 금속 연구자는 앞서 언급한 바와 같이 탄성변형이란 도대체 무엇일까에 주목했다.

탄성변형의 정의, 즉 전위가 발생하기 전까지의 변형에 입각해서, 금속에 힘을 가해 크게 변형시켜도 새로운 전위가 발생하지 않는다면 탄성변형이 크다는 것에 착안했다. 다시 말해, 전위가 발생했다는 것은 원자가 이동하여 제자리로 다시 돌아오지 않는다는 것을 의미하므로 탄성변형의 끝과 영구적인 변형의 시작점이라 할 수 있다. 그러므로 재료를 크게 변형시켜도 전위가 생성되지 않는 합금을 만드는 것이 바로 초탄성 합금개발의 비밀이다.

2003년 일본 도요타의 사이토 타카시(Takashi Saito)는 그동안 1%를 넘지 못하던 금속의 탄성영역을 2.5%까지 끌어올린 Ti-12Ta-9Nb-3V-6Zr-1.5O합금을 개발했다. 여기서 각 숫자의 의미는 백개당 원자수의 비를 나타낸다. 1.5O는 100개 원자 중 산소원자가 1.5개 있다는 의미이다. 이 합금을 90% 단면적 감소율(단면적을 원래의 10%로 만들었으니 길이는 10배로 늘어남)로 가공했더니 내부조직이 변화했다. 내부조직이 변화했다는 것은 탄성변형이라고 할 수 없고, 즉 전위가 생성됐기 때문에 영구변형 즉 소성변형(Plastic deformation)되었다는 의미이다.

그런데 이 소성 변형된 합금이 이상한 성질을 나타내었다. 전위가 잔뜩 생겨버린 합금을 인장실험을 한 결과, 탄성한계가 3배 이상 증가한 것이었다.

합금을 만들고 그것을 소성 가공했는데, 초탄성을 가진 합금으로 변했다는 것을 볼 때, 정말 물질의 세계는 오묘하기도 재미있기도 하다.

사이토를 비롯한 연구자들은 티타늄에 여러 가지 원소를 혼합하였는데, 티타늄이 있어야 할 자리들(원자 격자)에, 어떤 원자는 규칙적으로 그리고 어떤 원자들은 불규칙하게 위치하고 배열되었다. 당연한 말이지만 티타늄과 다른 원자들이 결합할 때, 서로의 간격과 결합력이 다르다. 그런데 티타늄과 다른 원자들간의 복합적인 결합방식은 외부의 힘에도 새로운 전위가 생성되지 않았다. 큰 힘에 의해 큰 변형을 주었는데도 새로운 전위가 생성되지 않고 버티는 초탄성 합금이 드디어 탄생된 것이다.

사이토와 그 연구원들은 절묘한 원자조합과 배열, 그리고 연이은 소성가공으로 세계 최초로 초탄성 합금을 개발했다. 그들

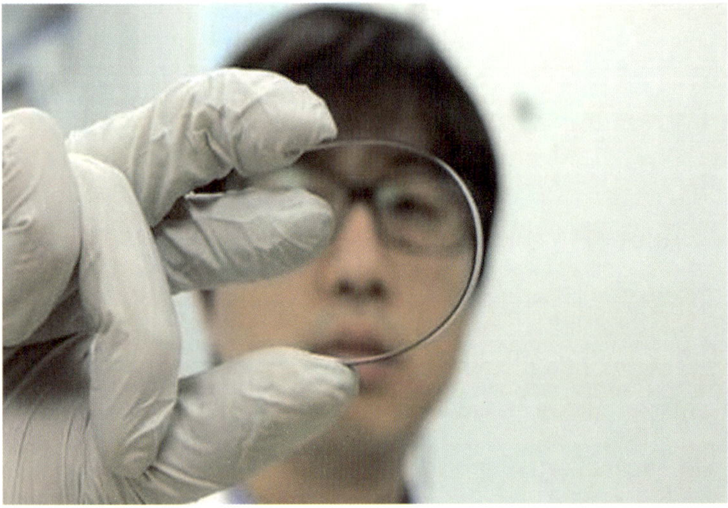

한국재료연구원, 박찬희 박사가 개발한 티타늄계 초탄성합금. 자기가 개발한 합금을 구부리고 있다. 다른 금속은 이정도 구부리면 다시 펴지지 않는다.

은 그 합금을 검 메탈(Gum metal)이라 이름 붙였다. 고무와 같이 탄성이 큰 금속이라는 의미를 가지는데, 과장되었다고 생각할 수 있지만 1%도 채 되지 않는 탄성 변형량을 몇 배로 늘인 것은 금속연구자들에게 큰 영감과 착안점을 주기에 충분했다.

과학은 영감과 착안점에서 빠른 발전이 시작되는 법이다. 2018년, 한국의 박찬희 박사팀은 탄성영역이 3%에 달하는 Ti-23Nb-1Ta-2Hf-1O합금을 개발했다. 예전의 합금보다 더 큰 변형에 견딜 수 있는 새로운 원자들, 적절한 성분비 및 원자들의 위치 그리고 그것을 달성하기 위한 가공조건들을 알아낸 결과이다. 이전에 개발한 검 메탈은 너무 비싸고 잘 녹지 않는 탄탈륨(Ta, 녹는점: 2996℃)이 많이 포함되어 있었다. 그런데, 그가 개발한 합금은 탄탈륨을 최대한 줄이고 비교적 저가의 금속들을 사용해 쉽게 녹일 수 있었다. 원소의 가격도 싸고 녹이는데 힘도 들지 않으니 가격은 저렴해졌다.

아직도 초탄성 금속개발은 세계 각국에서 연구가 진행 중이다. 다른 분야도 마찬가지지만 과학은 서로가 협력하거나 경쟁하면서 더 좋은 결과를 만들어내는 분야이다. 왜냐하면, 다른 사람에 의해 발견된 결과를 이해하면 지금까지 알고 있는 과학적 정의가 새롭고 정확하게 바뀌고, 미처 몰랐던 원리를 깨닫기 때문이다.

N E O A L C H E M I S T

제4장

큰 자석과 작은 자석

Ⅰ. 신기한 자석

Ⅱ. N극과 S극

Ⅲ. 제일 작은 자석

제4장 큰 자석과 작은 자석

4-1 신기한 자석

지금이야 어떨지 모르지만 필자의 초등학교 시절, 자연과목을 위해 실험키트를 문구점에서 구입했던 적이 있다. 불투명한 비닐 또는 천 봉투에 과학실험이란 글자가 약간은 촌스러운 필체로 적혀 있었다. 책상 위에 내용물을 꺼내 놓으면 스포이드, 삼각자, 프리즘, 플라스틱 주사기 그리고 리트머스 종이가 들어 있었는데, 과학시간에 가끔 이 물건들을 사용했던 기억이 있다. 학생들마다 내용물이 다른 과학키트를 가지고 있었는데, 거의 모든 종류의 과학키트에 빠짐없이 빨간색과 파란색으로 칠해놓은 쇠막대가 들어있었다. 바로 자석이었다.

지금 생각해 보면 형편없이 약한 자석이었다. 누구 자석이 더 좋은가 경쟁하면서 쇠구슬을 몇 개까지 붙일 수 있는지 실험하곤 했는데, 필자가 산 과학키트의 자석은 겨우 2~3개 붙일 수 있었다. 다른 친구의 자석에는 몇 개의 쇠구슬이 더 붙어 있었는데 지금 생각해 보면 거기서 거기였다. 어쨌든 친구들끼리 여기저기 자석을 붙이고 다녔고, 어떤 금속에는 붙고, 어떤 금속에서는 붙지 않는지 실험해 보는 것이 재미있었던 기억이 난다.

자석(磁石)은 N극과 S극을 가지고 있다. 누구나 알고 있듯이 N극과 S극은 서로 당기는 힘을 가지고 있다. 일반적인 막대 또는 말굽자석의 N극과 S극은 잘 구분이 되도록 각각 빨간색과 파란색으로 칠해져 있기도 하다.

자석(Magnet)이란 어원에 대해 여러 학설이 있는데, 고대 그리스의 마그네시아(Magnesia)란 지방에서 끌어당기는 광석(Magnetite, Fe_3O_4)이 다량으로 산출되었다고 해서 자석(마그넷, magnet)라고 불렀다고 한다. 또 우리나라를 비롯한 중국과 일본에서 사용하는 자석(磁石)이라는 단어는 아이가 어머니가 그리워 다가오는 것과 같은 모습을 가진다고 해서 자애(慈愛) 로운 돌이라는 의미로 불리게 되었다고 한다. 우리가 알고 있는 제일 큰 자석은 바로 지구이다. 지구의 북극은 언제나 S극 그리고 남극은 N극을 가지고 있다. 그래서 등산이나 하이킹을 할 때, 지도와 나침반을 필수적으로 가지고 가야 한다. 만약 나침반의 발견이 없었더라면 멋 옛날 사람들이 그 넓은 바다를 항해하지 못했을 것이다. 방향을 가리키는 나침반 외에도 지금의 자석은 상상을 초월하게 다양한 용도로 사용된다.

N극과 S극이 서로 잡아당긴다는 사실을 이용해 냉장고 도어 심지어 핸드백이나 가방이 잘 닫히도록 강한 자석을 사용하기도 한다. 그뿐인가 소형발전기와 모터에 자석이 필수적으로 포함된다. 그러면 자석은 왜 N극과 S극이 존재해 서로 당기는 힘이 작용할까? 이러한 의문을 하나씩 헤쳐보자.

4-2 N극과 S극

이 우주를 구성하는 모든 물질과 공간은 4가지 힘에 의해 지배된다. 현재 고등학교 과학과정에도 언급되어 있지만 현재까지의 정설로는 물질이 서로 잡아당기는 힘을 설명할 때 이 4가지 힘 이외에는 아무것도 없다.

이 4가지를 간단하게 설명하면, 중력(Gravity force), 전자기력(Electromagnetic force), 약력(Weak force) 그리고 강력(Strong force)이다. 이 네 가지 힘 중 제일 약한 힘은 중력(Gravity force)인데, 질량이 클수록 거리가 가까울수록 중력은 커진다. 우리의 태양은 그 질량이 매우 커서 태양계 내의 행성이 뿔뿔이 흩어지지 않고 뱅글뱅글 태양 주위를 돌게 하는 힘이다. 4가지 힘 중 제일 작다고 했는데 우리가 살고 있는 지구를 잡아당길 정도라니…. 다른 힘들은 도대체 얼마나 큰 것일까?

그다음에 센 힘은 전자기력(Electromagnetic force)이다. 바로 자석의 힘이 여기 포함된다. 그런데, 약간의 의문이 든다. 중력보다 전자기력이 크다는 것은 왜 그럴까? 또 전자기력은 전기력과 자기력을 합친 말 같은데, 그렇다면 전기력은 또 무엇인지? 우리가 체감할 수 있는 달과 지구, 지구와 태양이 서로 당기는 힘보다 전자기력이 크다니? 이 단계에서 간단한 비교를 통해 힘의 크기를 알 수 있다.

우리가 알고 있는 소금(NaCl)은 나트륨(Na)과 염소(Cl)가 이온결합을 하고 있는 물질이다. 나트륨은 하나의 전자를 염소에게 제공하여 자신은 +1가의 나트륨 이온이 되고 염소는 전자를 받았으니 −1가의 염소 이온이 된다. 이렇게 플러스와 마이너스 입자가 교대로 배치한 결정구조를 가진 물질을 이온결합으로 이루어진 물질이라고 간단하게 말할 수 있다. 우리가 알고 있는 소금은 이온결합으로 이루어진 대표적인 물질이다.

여기서 나트륨과 염소의 이온을 사람 크기로 확대해 보자. 그리고 각 이온이 사람의 무게라고 가정하고 두 이온이 붙어있다고 하면, 이 두 이온을 떼어내는데 드는 힘이 얼마일까? 생각해보면 힘의 크기를 가늠할 수 있다.

만약 두 이온이 중력으로만 붙어있다고 한다면, 웬만한 어린이도 두 이온을 떼어낼 수 있다. 그런데, 놀랍게도 플러스 1 그리고 마이너스 1을 가지고 있는 두 이온을 떼어놓기 위해 들여야 하는 힘은 지구에서 제일 높은 에베레스트 산을 들어 올리는데 필적하는 힘을 요구한다. 전기력을 쉽게 체감하지 못하지만 이렇게 전기력은 매우 크다.

한 예를 더 들어보자. 염화나트륨(NaCl)은 플러스 1가의 양이온과 마이너스 1가의 음이온이 교차로 배치된 물질이다. 그리고 산화마그네슘(MgO)은 같은 이온결합이긴 한데, 플러스 2가의 양이온과 마이너스 2가의 음이온이 서로 교차로 배치되어 결합된 물질이다. 염화나트륨의 용융점은 801도인데 반하여, 산화마그네슘의 용융점은 무려 2,852도이다.

이렇듯 서로 다른 전하를 갖는 극(여기서는 음극과 양극)이 합쳐져 전기적 중성을 이루는 것은 매우 자연스럽게 에너지를 낮추는 자연의 법칙이다. 그래서 전기적 중성을 깨고 양이온과 음이온을 서로 떨어뜨리게 하는 데는 정말로 큰 힘과 많은 에너지가 필요하다. 따라서 이온결합을 가진 물질은 매우 딱딱하고, 그것을 녹이기 위해서는 많은 에너지가 필요한 이유이다.

사람끼리 비교하는 것은 정말 좋지 않은 버릇이지만 과학자는 물질과 물질의 성질을 알아내기 위해 크기, 질량 등을 기준으로 정확하게 비교해야만 한다. 같은 크기와 질량을 가질 때, 중력보다는 전기력이 수천 조 곱하기 수천 조 배 이상 크다. 자기력도 전자기력의 일종이니 중력보다는 어마어마하게 크다는 것을 명심해야만 한다.

이쯤 되면, 약력(Weak force) 그리고 강력(Strong force)이 얼마나 큰지 예상할 수 있다. 표준 입자물리학에서, 자연계는 전자와 같은 전기를 띄면서 가벼운 입자, 물질을 이루는데 기본이 되는 쿼크 그리고 힘을 전달하는 보손이라는 입자들로 구성되어 있다고 설명한다. 여기서 간단하게 설명하면 약력은 양성자와 전자가 결합하여 중성자가 되는 힘이라고 설명될 수 있다. 약력이란 이름은 강력(Strong force)에 비해 그 세기가 10^{13}배 약하다는 데에서 기인한다. 약력이란 귀여운 이름이 붙여졌지만 이 역시, 중력보다는 매우 크다는 것을 알아두어야 한다.

우주 최강의 힘, 강력(Strong force)을 알아보자. 앞서 플러스 이온과 마이너스 이온이 붙어있는 것을 떼는데 드는 힘은 어마어마하다는 것을 설명했었다. 반대로 같은 극, 플러스 입자와 플러스 입자 또는 마이너스 입자와 마이너스 입자를 서로 붙이는 것 역시 매우 큰 전기적 척력(서로 미는 힘)을 극복해야만 한다. 원자마다 크기는 다르지만 그 크기는 아주 작은 원자핵과 그 주위를 돌고 있는 전자가 정한다. 원자의 크기가 대형 야구 경기장이라고 하면 원자핵의 크기는 야구공의 크기도 되지 않는다. 그 작은 원자핵에 양성자들은 어마어마한 척력을 아랑곳하지 않고 세게 결합되어 있다.

수소를 제외한 모든 원자는 양성자가 두 개 이상 뭉쳐있다. 양성자와 중성자가 옹기종기 뭉쳐있는데, 양성자는 플러스 1가를 가지고 있다. 어떻게 플러스 1가의 양성자들이 그 좁은 곳에 몰려서 같은 극끼리의 어마어마한 척력을 어떻게 무시하고 뭉쳐 있을까?

여기서, 양성자와 중성자가 세게 결합되어 있는 힘이 바로 강력이다. 이 강력으로 인해 여러 물질이 존재할 수 있는 것이다. 원자핵 크기와 같이 너무나 좁은 공간에 양성자와 중성자가 사이좋게 옹기종기 모이게 만드는 강력을 설명하는 데 있어서 일본의 유가와 히데키(1907~1981)가 그 해결책을 제시했다. 그는 근접한 양성자와 중성자가 어떤 작은 입자를 끊임없이 주고받는 과정에서 그 어마어마한 척력을 견디고 단단히 붙어있을 수 있다고 설명했다. 이 입자는 1947년 실제로 발견되었고, 풀이란 뜻의 글루온(Gluon)이라는 이름이 붙여진 입자이다. 원자핵 안에서 강력한 결합을 매개하는 입자의 발견으로 유가와 히데키는 1949년 일본인 최초로 노벨상을 수상한다.

물질을 서로 붙일 수 있는 힘이 이 4가지 힘밖에 없다는 사실에 의문을 품는 독자도 있을 수 있다. 종이를 서로 붙일 때 사용하는 풀, 우리가 사용하는 강력 접착제 그리고 볼펜으로 종이에 쓴 글씨, 즉 종이에 묻은 잉크 등등 이렇게 다른 물질끼리 붙어있는 것이 많은데, 이들도 모두 4대 힘에 의한 것이냐고 묻는 호기심 많은 독자도 있을 법하다.

결론부터 말하자면, 무엇을 붙일 수 있는 힘은 정말로 이 4가지 밖에 없다. 강력과 약력은 너무나 협소한 공간에서 작용하고 너무나 큰 힘이라 인간이 체감할 수 없고, 중력은 그 세기가 너무 작아 예를 들어, 우리 지구와 같이 크지 않으면 잘 체감할 수 없다. 그런데, 앞서 언급한 물질이 서로 붙는 힘은 다 전자기력 때문에 발생한다. 이 전자기력은 물질을 구성하는 원자 간 결합에도 관여하는데, 이 책의 여러 곳에서 등장하니, 독자들은 해당하는 내용을 읽을 때, 그 의미를 음미했으면 좋겠다.

4-3 제일 작은 자석

왜 자석이란 것이 존재하고, N극과 S극이 생기는 걸까? 어떤 물질이 가지는 모든 특성은 모두 전자, 특히 최 외곽 전자가 일으킨다는 것을 알아두어야 한다. 자기력이 있고 없고도 당연히 전자가 하는 일의 결과이다. 19세기 초 덴마크의 외르스테드(Hans Christian Ørsted, 1777~1851)는 전선에 전류를 가하면 근처의 나침반이 움직이는 것을 발견했다. 이는 전기와 자기 사이에 밀접한 관계가 있다는 최초의 발견이었다. 이러한 발견을 관찰력이 남다른 패러데이(Michael Faraday, 1791–1867)가 놓칠 리 없었다.

전기가 흐르면 자기력이 발생하니, 자기력이 있다면 전기도 흐를 수 있다고 그는 생각했다. 이것이 위대한 과학자들의 공통된 습관이라고도 할 수 있는데, 무엇이 밝혀지면 그 역방향도 가능하기 않을까 하는 의구심을 가진다는 것이다. 천성적으로 부지런한 패러데이는 수많은 실험을 진행했다. 큰 자석, 센 자석을 전선 위에 또는 옆에도 놓아보기도 하면서 여러 가지 실험을 해도 자석 옆의 전선에 전류가 흐르지 않았다.

그러던 어느 날, 패러데이는 예상 밖의 어떤 한 현상을 놓치지 않았다. 관찰력이란 찰나의 순간에 지나가는 뭔가 뜻밖의 사소한 현상을 가벼이 지나치지 않는 습관을 의미하기도 한다. 자석을 가만히 놔두면 전선에 전류가 흐르지 않지만, 자석을 전선 위에서 움직이면 전류가 흐르는 것을 발견했다. 유레카! 전류도 뭔가가 움직여 흐르는 것(현재는 전자가 움직이는 것이라는 것을 어린이도 아는 사실이다.)이므로 자석(실제론 자기장)도 움직여야 전류가 발생하는 것이란 것을 이해한 것이다. 이는 인류 역사상 최고 발견 중의 하나인데, 이 발견은 전기에너지를 이용하는 시대를 알리는 신호탄이었다.

프랑스의 물리학자 앙드레 앙페르(André-Marie Ampére, 1775~1836)는 전기 그리고 자기 연구에 몰두해, 근대 전기학의 기초를 세운 인물이다. 우리가 흔히 사용하는 전류의 단위 암페어(Ampere)는 앙페르의 이름에서 기인했다.

패러데이에게 많은 영향을 준 인물이기도 한데, 앙페르가 발견한 법칙은 중학교 과학에서 접했겠지만 다시 짚어보면 전류와 자기장의 관계를 쉽게 알 수 있다. 앙페르 법칙 또는 오른나사 법칙은 간단하게 말하면, "직선 전류가 수평하게 흐르는 전선을 오른손으로 감아쥐고, 전류가 흐르는 쪽은 엄지손가락이 향하도록 할 때, 네 손가락이 감아쥐는 방향으로 자기장의 방향이 정해진다"이다.

전류가 왼쪽으로 흐르는 전선은 전선의 위쪽이 S극, 전선의 아래쪽은 손가락이 가리키는 쪽이므로 N극이란 뜻이다. 이 원리를 근거로 전선을 코일로 만들어서 철심을 끼우면 전자석을 만들 수 있다. 전류가 흐르는 방향에 의해 전자석의 N극과 S극이 정해진다(자력선, B가 나오는 방향, 자력석이 들어가는 방향은 S극이 된다.).

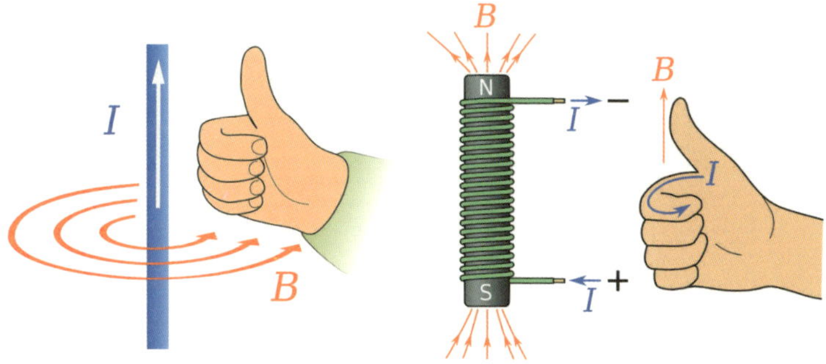

앙페르의 법칙을 간단하게 설명한 그림, 전류(I)가 위로 흐르면 자기장(B)은 오른손 손가락이 감아쥐는 방향으로 발생한다. 출처: 위키피디어, Jfmelero, 이 원리를 이용해 철심에 전선을 감아 전류를 흘려주면 전자석이 된다. 전류의 방향에 따라 N극과 S극이 바뀐다.

철심 없이 코일만 만들어 전류를 흘려도 자기장은 발생한다. 그런데, 철심을 끼운 쪽이 자력이 세다. 이 이유는 나중에 밝힐 예정이다.

왜 물질마다 자력의 세기가 다른 것일까? 전기를 흘리지도 않았는데, 자력을 가지고 있는 물질은 도대체 무슨 이유가 있는 것일까? 결론부터 말하자면 이것 또한 전자가 한 일이다.

'전기가 흐른다'라는 말은 간단하게 '전하(Electric charge)를 가진 입자, 즉 플러스 또는 마이너스 전기를 가진 입자가 이동한다'를 의미한다. 금속은 자유전자를 가지고 있으니, 전압을 걸면 전자가 쉽게 이동한다. 즉 전기가 잘 통한다. 아주 순수한 물은 전기가 통하지 않지만 소금을 용해시키면 전기가 꽤 잘 통한다.

그 이유는 소금의 나트륨과 염소가 물속에서 나트륨 플러스 1가 이온 그리고 염소 마이너스 1가 이온으로 존재하기 때문이다. 따라서 전압을 가하면 플러스 이온과 마이너스 이온이 각자 반대 방향으로 이동하면서 전류가 흐른다. 따라서 전자뿐만 아니라 전하를 가진 어떤 입자가 이동해도, '전류가 흐른다'라고 말할 수 있다.

여기서 명심해야 될 점은 외르스테드가 발견한 사실, 전기가 흐르면, 즉 전하를 가진 입자가 이동하면 자기장이 발생한다는 사실이다. 이 사실을 이해하고 원자를 들여다보면 자기장 생성의 근본적 원인을 이해할 수 있다.

원자는 플러스 전하를 가진 원자핵과 마이너스 전하를 가진 전자가 특정 궤도를 따라 이동하는 구조를 가진다. 원자 내 전자는 원자핵을 중심으로 공전한다. 전자는 태양계의 행성들처럼 일정한 궤도를 가진 것이 아니라 에너지로 정해진 궤도를 매우 빠른 속도로 움직이므로 매회 규칙적으로 공전하는 것은 아니다. 어쨌든 중요한 점은 마이너스 전하를 가진 전자가 공전한다는 것, 즉 외르스테드와 앙페르가 발견한 전류와 자기장생성의 원리로 인해 전자의 이동은 자기장을 생성시킨다. 양전하를 가진 원자핵도 회전하는데, 이것도 전하가 움직인 것이므로 역시 자기장을 발생시킨다.

그런데, 원자핵의 회전은 전자의 이동보다는 매우 느려 발생하는 자기장의 크기는 작다. 여기서 원자핵 주위를 도는 전자가 내뿜는 자기력의 힘은, 원자핵 회전에 의한 자기력에 비해 수십억 배 이상이다. 원자에서 전자가 원자핵을 시계방향으로 공전(전류는 전자의 이동과 반대방향)하면 위쪽이 N극이 된다. 그런데, 전자는 공전하는 것 외에도 전자 자신이 자전하고 이 역시 자기장을 발생시킨다. 전자는 매우 빠른 속도로 회전하므로 이것이 발생하는 자기력도 전자가 공전하는 것에 비할 정도로 아주 센 편이다.

이 책에서는 이해를 돕기 위해 전자의 공전과 자전으로 표현하였지만, 작고 매우 빠른 전자의 움직임은 오묘해서 사실 매우 복잡한 움직임을 보인다. 특히 전자의 자전은 양자 역학적으로 스핀(Spin)으로 표현하는데, 방향에 따라 1/2 그리고 −1/2 이라 표시한다. 원자도 자석이고 그리고 작은 전자도 자석이라 할 수 있다. 상황이 이쯤 되면 모든 물질이 다 자석이 되어야 하는 것이 아닌가? 반문할 수 있다. 그런데, 웬만한 원자는 여러 개의 양성자와 여러 개의 전자를 가지고 있다. 이 전자가 모두 한 방향으로 회전하는 것이 아니다. 특히 같은 궤도상에서 시계 방향과 반시계 방향으로 회전하는 전자는 자기력이 상쇄된다.

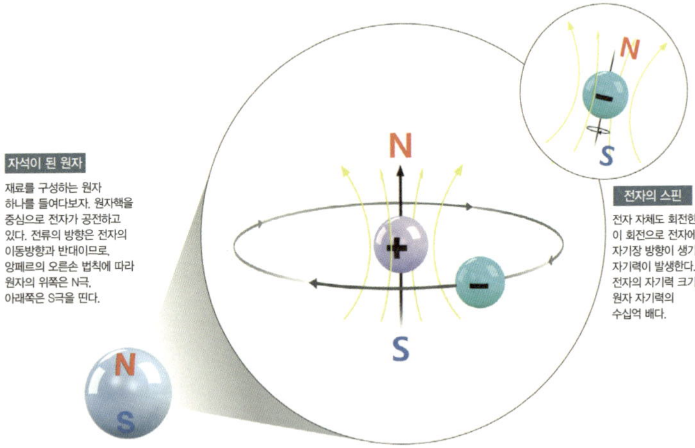

전하를 가진 입자의 움직임. 양전하를 가진 원자핵도 회전하고 전자는 공전한다. 움직이는 전하는 자기장을 생성한다. 위에서 볼 때, 전자가 원자핵을 시계방향으로 공전(전류는 전자의 이동과 반대방향)하면 위쪽이 N극이 된다. 원자핵도 자전하는데, 이것도 전하가 움직이는 것이므로 자기장이 회전방향에 따라 다른 자기장이 발생한다. 그런데, 전자는 공전하는 것 외에 자전하고 역시 자기장을 발생시킨다. 그림 출처: 과학동아

계속 언급하지만, 세상에 존재하는 모든 물질들의 특성은 원자의 최 외곽 전자들이 결정한다. 물질의 녹는점, 끓는점, 강도, 탄성, 전도도 그리고 자기력마저도 최 외곽 전자의 행동이 결정하는 것이다. 웬만한 원자의 최 외곽 전자도 여러 개인데, 회전이 반대방향으로 상쇄된 두 개의 전자는 자기적 중성이 된다. 궤도를 나 홀로 회전하면서 공전하는 전자가 바로 자기력을 내뿜는 것이다.

선천적으로 자력을 내뿜는 전자를 가진 원자는 주기율표상에 금속결합을 가진 원소들에서 많이 발견된다. 금속의 자기적 성질은 간단하게 강자성체, 반강자성체 그리고 상자성체로 나뉠 수 있다.

자기장을 내뿜는 원소들에 있어서, 전자의 공전보다는 전자의 회전(Spin)이 주도적으로 N극과 S극을 정한다. 즉 전자를 포함한 원자는 각각 N극과 S극을 가진 작은 자석이라고 할 수 있다. 이러한 원자끼리 서로 만나게 되면, 우선적으로 최대한 자석의 N과 S극이 서로 만나도록 원자 배치가 이루어지는 것이 안정하다. 이온결합을 가진 물질이 같은 극을 가진 원자가 근접하면 어마어마한 척력이 생기는 것처럼 자기력을 가진 원자도 최대한 서로 다른 극으로 상쇄되는 것이 안정하다.

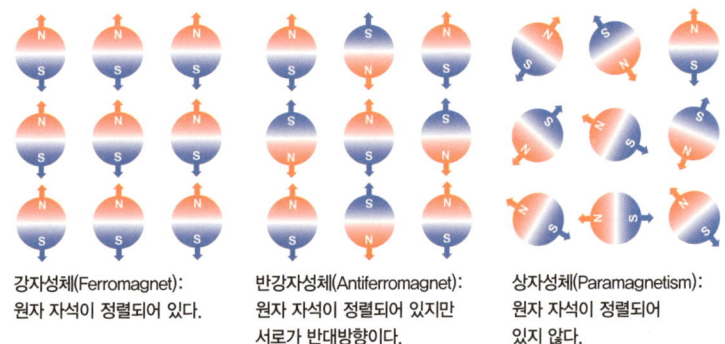

강자성체(Ferromagnet): 원자 자석이 정렬되어 있다.

반강자성체(Antiferromagnet): 원자 자석이 정렬되어 있지만 서로가 반대방향이다.

상자성체(Paramagnetism): 원자 자석이 정렬되어 있지 않다.

전자의 움직임에 의해 원자 하나하나가 자기장을 방출하는 자석이 된다. 원자자석의 배열이 강자성체, 반강자성체 그리고 상자성체를 결정한다. 원자가 자기 위치에서 회전하지 못할수록 강자성체 및 반강자성체가 된다.

그런데 강자성체는 원자의 N극과 S극이 서로 나란히 정렬되어도 원자결합이 안정한 편이다. 즉 작은 자석인 원자가 격자(Lattice) 내 자기 위치에서 회전하기 힘든 원소라고 할 수 있다. 이렇게 한 방향으로 작은 자석들이 배열해 한 방향으로 같은 극의 자기장이 방출되니 전지의 직렬연결처럼 자기장이 커진다. 우리가 알고 있는 자연적인 자석이 이러한 형태의 원자구조를 가지고 있다.

반자성체는 원자의 자기장 방향이 서로 인접한 원자와 반대이다. 원자 몇 개에서도 서로 N극과 S극이 상쇄되어 물질 밖으로 자기장이 방출되지 않아 자력을 띄지 않는다.

많은 금속이 상자성체인데, 상자성체는 정말로 원자자석이

제 멋대로 배열되어 있다. 자기장이 한 방향으로 방출될 수 없으니 역시 자석이 될 수 없다. 여기서 자연의 법칙을 언급해야 하는데, 그것은 아무리 강자성체라도 높은 온도에서는 상자성체가 되고 만다. 높은 온도에선 원자들의 진동이 커지고 원자 간 결합력이 작아져 제 위치에 가만히 있지 못하므로 자력을 상쇄하기 위해 회전한다. 그래서 아주 강한 자석도 높은 온도에선 자력을 잃어버리는 것이다.

강한 자석을 철 못에 대면 못 자체도 자석이 된다. 같은 방향의 자기장을 가진 원자집단인 자구(Magnetic domain)들이 강한 자기장에 의해 회전된다. 자석을 떼어도 회전된 자구가 원래대로 완전히 회전하지 못하기 때문에 약한 자석이 된다. 자화된 철을 가열했다가 천천히 식히면 한 방향의 자기장을 갖도록 배열된 자구가 여러 방향으로 재배열되기 때문에 자력을 없앨 수 있다. 그림출처: 과학동아

요즘에는 상상을 초월할 정도로 강한 영구자석(강자성체)을 많이 볼 수 있다. 사실 자석의 힘이 세질수록 많은 장점이 있는데 예를 들면, 강한 자석으로 고정되는 옷걸이는 제법 무거운 옷도 걸 수 있어서 요긴하다. 그리고 자기장의 세기가 클수록 우리가 사용하는 전기 생산 효율이 커진다는 것도 강한 자석을 개발하는 큰 이유가 된다. 또 다른 중요한 이유로는 모터에 자석을 사용하기 위해서다. 현재 모터를 쓰지 않는 전기제품을 보기 힘들 정도이다. 저마다의 통계는 다르지만 전 세계 전기에너지의 50%~60% 이상이 모터에 소모된다고 한다. 전기를 생산하는 발전기에도 자석이 사용되고 전기를 사용하는 모터에도 사용되니 자석의 중요성을 실감할 수 있다. 어떻게 하면 강한 자기장을 발산하는 강한 자석을 만들 수 있을까?

강한 자기력을 뿜어내는 자석을 만들려면 앞서 언급한 바와 같이 원자자석의 방향을 일치시키는 것이 매우 중요하다. 이른바 자기장의 시너지효과를 발휘하는 것인데, 이것이 생각보다 만만치 않다. 그 이유는 자연의 법칙인 모든 반응은 엔트로피가 증가한다는 것, 쉽게 말하면 모든 물질은 규칙적인 것보다 혼란스러운 것을 좋아한다는 것이다. 아무리 강자성체라도 엔트로피 증가의 법칙 때문에 자기장 방향이 같은 원자들이 뭉쳐있는 부분, 즉 자구(Magnetic domain)가 한 방향으로 정렬되는 것은 매우 어려운 일이다.

강한 자기장에 자성체가 놓여있을 경우, 여러 자구들이 자기장 방향이 서로 완전히 일치하진 않더라도 일정한 방향으로 배열된다. 즉, 자구가 아주 크거나, 강한 자기장에 의해 한 번 배열된 자기 방향이 그대로 있으면 바로 강한 자석이 된다. 다행히, 요즘 기술로 금속의 자구를 직접 관찰할 수 있게 되었고, 이러한 장비의 도움으로 강한 자석들이 계속 개발되고 있다.

앞서 언급하였듯이 같은 자기 방향을 가진 원자들의 집단인 자구가 매우 크고, 원자들의 자기 방향이 잘 바뀌지 않는 물질을 만드는 것이 바로 아주 강한 자석을 만드는 원리이다. 일본의 사가와 마사토(佐川眞人)는 1986년, 네오디뮴을 철에 첨가하여 사상 최강의 자석($Nd_2Fe_{14}B$, Nd:Fe:B의 원자비가 2:14:1로 만든 화합물)을 만들었다. 철 원자 사이에 규칙적으로 위치한 네오디뮴은 과장되게 말하면 원자의 형태가 구형에서 벗어나 약간은 찌부러진 구형을 가진다.

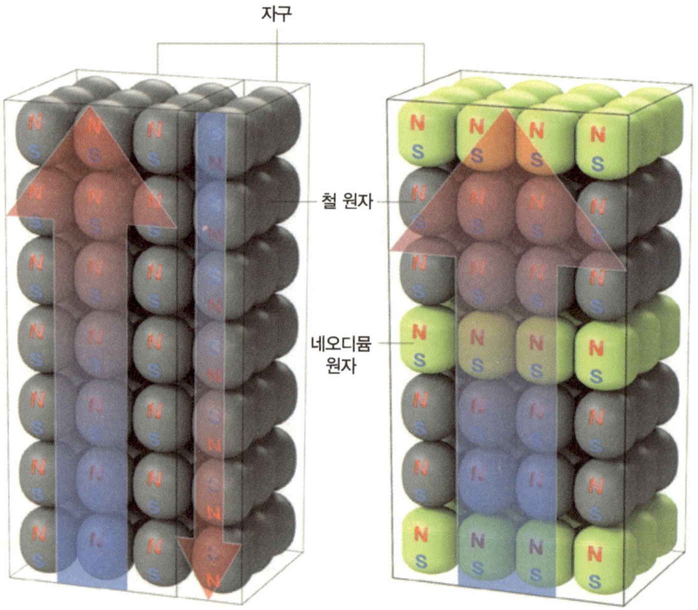

강한 자석을 만들기 위해선 자구가 커야한다. 그리고 일방향으로 정열된 자기장이 유지되도록 원자가 회전하지 못하도록 해야 한다. 철과 네오디뮴원자가 결합한 $Nd_2Fe_{14}B$ 합금은 네오디뮴 원자가 구형에서 벗어나 납작한 기둥형태가 된다. 그래서 웬만한 환경에서 회전하기 힘들고, 한 번 방향이 고정된 자구는 잘 변화하지 않아 강한 자성을 가진다. 그림출처: 과학동아

특정한 성분비에 따라 원자들이 특정한 위치에 존재하고, 전자의 상호작용이 원자의 형태, 정확하게 말하면 전자의 궤도를 바꾼 것이다. 그래서 원자가 구형에서 벗어나 찌그러진 형태로 존재하게 된다. 당연히, 웬만한 환경에서도 원자는 회전하기 힘들고, 자기장의 방향이 유지되기 때문에 매우 센 강자성체가 된다. 하지만 이 강한 네오디뮴 자석도 문제가 있다. 온도가

200℃이상 상승하면 네오디뮴 원자도 제 멋대로 회전해 자력을 상실하게 되는 것이다.

과학자는 단점이 발생하는 이유를 알게 되면 단점을 해소하는 연구를 진행한다. 어떻게 하면 온도가 증가해도 원자들이 회전하지 않도록 해 자기장 방향이 일정하도록 할 수 있을까를 고민했다. 과학자들이 발견한 방법은 디스프로슘이라는 원소를 이 합금에 첨가하는 것이다. 디스프로슘 원자가 철, 네오디뮴 원자들과 함께 규칙적으로 위치할 경우, 네오디늄 원자보다 더 납작해진 원자형태를 가진다. 네오디늄 만큼의 자기력을 가지지 않아 자력의 손실은 있지만 더 납작한 형태의 디프로슘은 온도가 높아도 원자가 잘 회전하지 못하게 한다. 또한 자기뿐만 아니라 네오디늄 원자도 회전하지 못하도록 방해한다. 드디어 비교적 높은 온도에서도 강한 자력이 유지되는 강한 자석을 만들어 냈다.

그런데 디스프로슘은 매장량이 적고 생산되는 곳이 한정된 희토류 금속이다. 희토류 금속을 차지하기 위해 세계열강은 치열한 신경전을 벌이고 있고, 여러 가지 물질 개발에도 영향을 미친다. 그렇다면 개발의 방향은 희토륨 금속을 사용하지 않거나, 최소한으로 줄인 강한 자석을 만드는 것이었다. 그래서 자석뿐만 아니라 여러 다른 물질의 개발에 있어서 희토류 원소의 저감

이 연구의 목적이 되기도 한다.

어쨌든 희토류 금속을 사용하지 않는 강한 자석을 만들기 위해 일본 물질·재료연구기구(NIMS)의 호노 가스히로(寶野和博)는 2010년 디스프로슘을 사용하지 않고도 결정과 결정사이의 경계면에 네오디뮴의 농도를 크게 하는 방법을 도입하여 높은 온도에서도 강한 자력을 유지하는 자석을 만들었다. 결정립 경계면은 자구에 비해 매우 회전이 힘들기 때문에 이들의 자기장 방향을 한 방향으로 유지시키는 방법으로 강한 자석을 만들어 냈다.

이러한 원리를 이용해 2020년 한국재료연구원의 이 정구박사팀은 결정립을 나노크기로 작게 유지하는 방법을 개발하였고, 우리나라 역시 디스프로슘을 필요로 하지 않는, 게다가 비싼 네오디뮴까지 감소시킨 강한 자석을 만드는 데 성공했다.

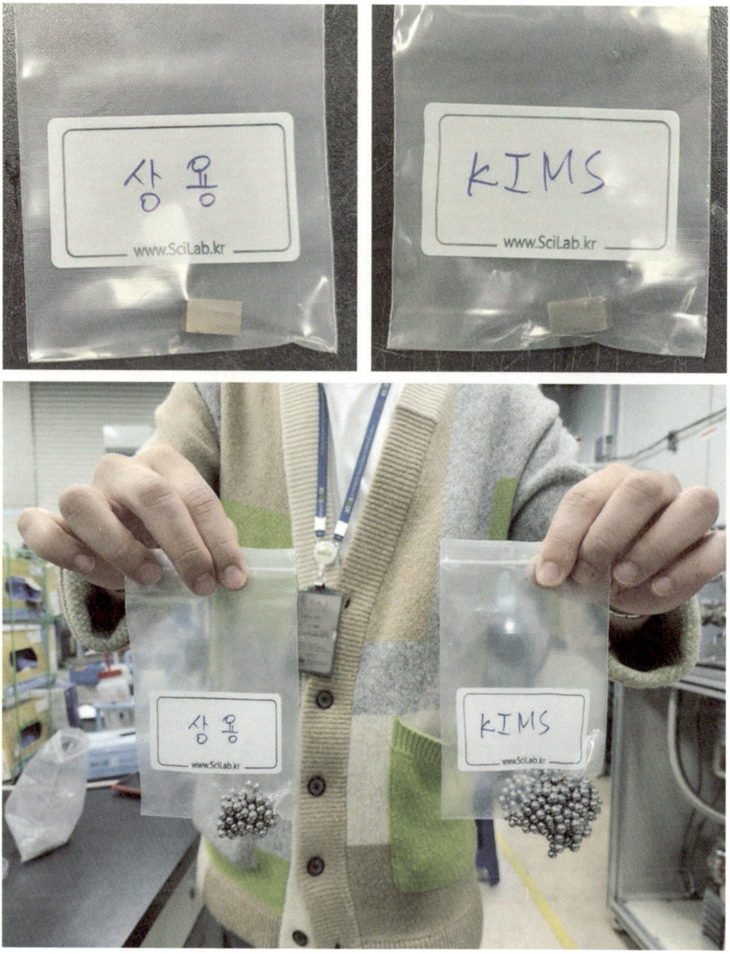

한국재료연구원이 개발한 디스프로슘이 적게 함유된 자석을 연구원이 들고 있다. 개발된 강자석은 고온에서 노출시킨 후에도 자력이 유지된다.

N E O A L C H E M I S T

제5장

열과 전기는 흐른다

Ⅰ. 전자의 흥분

Ⅱ. 열은 이동한다.

Ⅲ. 전자는 열도 전기도 이동시킨다.

Ⅳ. 방해받지 않는 전자

제5장 열과 전기는 흐른다

5-1 전자의 흥분

주기율표상 1번을 차지하고 있는 수소는 여러 종류가 있지만 양성자 하나와 전자 하나를 가지고 있는 수소가 일반적으로 제일 많다. 가끔 중성자가 하나 또는 두 개가 붙어있는 수소도 있긴 하지만 이들도 원자핵에 중성자가 몇 개가 더 있든, 전기적 중성을 맞추기 위해선 양성자의 개수와 전자의 개수는 같아야 한다. 원자번호가 커질수록 양성자 수는 많아진다.

양성자 수가 많아지면 당연히 전자 수도 그만큼 많아지는데, 원자번호 29인 구리(Cu)는 양성자가 29개 그리고 전자도 29개이다. 중성자는 이름 그대로 전기적으로 중성인 입자라 몇 개가 있어도 전기적으로는 중성이다. 그래서 원자핵의 양성자와 중성자 수가 일치하지 않는 원자들도 존재할 수 있다. 즉 원자핵 안에서 양성자 수는 같은데, 중성자 수가 서로 다른 원자를 동위 원소라고 한다. 양성자의 수와 전자의 수는 바로 원소를 완전하게 구분할 수 있게 하는 지표이고, 원자마다 성질이 다른 이유라 할 수 있다.

주기율표를 살펴보면 1족부터 18족, 1주기부터 7주기까지 원소가 나열되어 있다. 여기서 족은 최 외곽 전자의 수가 같은 원소들인데, 그래서 그런지 비슷한 성질을 가지고 있다. 11족에 위치한 구리(Cu), 은(Ag) 그리고 금(Au)은 여러 금속 중에서 거의 유일한 특징이 있다. 바로 색깔을 가지고 있다는 것이다. 은은 색깔이 없다고 반문하는 독자도 있을 법한데, 다른 금속과 잘 비교해보면 색이 다른 것을 알 수 있다. 은은 고유의 '은색'을 가지고 있다. 홑 원소뿐만 아니라 주기율표에 망라된 원자들이 결합한 화합물들은 우리 주위를 둘러싼 모든 물질을 만들어 낸다. 소금은 나트륨과 염소 원자가 결합된 것이고, 물은 수소와 산소원자가 결합된 것이다. 이와 같이 원자를 구성하고 원자 간 결합을 이루는 데 있어서 전자는 중요한 역할을 한다. 주기율표상에 존재하는 원소는 약 118개(왜 약이라고 표현한 이유는 새로운 원소가 또 발견될지 모르기 때문이다.)인데, 이 중의 대략 4분의 3이 금속에 해당된다. 일반적으로 금속의 성질은 표면을 아주 곱게 연마했을 때, 광택이 나고, 열과 전기를 잘 통하는 도체, 그리고 강한 힘에 영구변형을 할 수 있고, 연성과 전성이 있다고 정의된다.

물리를 포함한 재료를 연구하는 사람은 금속결합, 다른 말로는 자유전자가 존재하는 결합을 가진 물질로 정의한다. 즉, 플라스틱 또는 세라믹과 달리 금속이라 불리는 물질은 전부 물질 내부에 자유전자를 가지고 있다. 이온결합이나 공유결합은 전자를 자유롭게 배출하지 못하기 때문에 전자가 물질 내부를 자유롭게 돌아다니지 못한다. 금속은 물질 내부에 자유롭게 떠다니는 전자가 있다는 의미이다.

종류 / element	원자량	녹는점 M.P.(℃)	비중 (g/㎤) at 25℃	전기전도도 (10^8/Ωm)	열전도도 (W/mK, 25℃)	전기전도도 %IACS (20℃)
Cu	63.549	1084.62	8.96	0.5977	398	100
Al	26.9815	660.323	2.70	0.3767	247	62
Fe	55.84	1538	7.87	0.1030	80.4	13-17
Ti	47.9	1668	4.51	0.0238	11.4	15
Mg	24.305	650	1.74	0.2247	155	39
Ag	107.868	961.78	10.5	0.6289	428	106
Au	196.697	1064.18	19.3	0.4255	317.9	76

각 금속의 원자량, 녹는점, 밀도, 전기전도도(저항의 역수), 열전도도, 순구리의 전도도를 100으로 할 때, 다른 금속의 전기전도도, 금속에서 제일 열과 전기가 잘 통하는 원소는 은(Ag)이다.

전자는 매우 작고 가볍고 －1가의 전하를 가지고 있다. 이것이 자유롭게 움직인다는 것은 무엇을 의미하는 것일까? 이것을 제대로 답하자면 몇 시간이 걸릴지 모른다. 그럼에도 불구하고 단언하자면 이 '자유전자가 있으므로 금속은 전기가 잘 통한다.' 이다.

전기 또는 열전도도를 논하기 전에 우리는 우선 전압과 온도란 단어의 뜻을 정확히 이해해야 한다. 가만히 있는 물질이 아무런 이유 없이 전기가 흐르거나 열이 전달되지 않는다. 전선에 전압을 가해야 전기가 흐른다는 사실은 어린이도 알고 있는 사실이다.

전압(電壓, electric pressure)이란 전위차(電位差, electric potential difference)라고도 불리며, 과학적으로는 전기장 안에서 전하가 갖는 전위의 차이를 의미하고 영어로는 voltage라고 적는다. 과학적인 정의는 우리가 평소에 알고 있던 내용을 더 어렵게 만드는 경향이 있다. 과학자들이 보기엔 적절한 표현이긴 한데, 전공자가 아닌 사람이 이해할 수 있게 설명하자면 다음과 같다.

전선에는 이미 전하를 띈 전자가 이미 가득 차있다. 어느 한쪽에 엄청나게 많은 전자들을 전선의 한쪽에서 강제로 밀어넣어 보자! 물이 어느 정도 차있는 호스를 수도꼭지에 연결하고 물을 틀었으니 호스의 다른 끝에서는 물이 뿜어져 나온다. 수도꼭지를 완전히 열어 수압을 크게 하면 물은 더 빨리 그리고 더 많이 배출된다. 이와 같이 전압 즉 전위차가 크면 전자는 역시 더 많이 더 빨리 이동하게 된다. 이와 같이 큰 전압이 가해졌을 때, 전자는 큰 에너지를 가지기 때문에 많은 에너지를 전달할 수 있다고 이해하면 무리가 없다.

5-2 열은 이동한다.

전압을 간단하게 논했으니, 약간은 생뚱맞지만 온도가 뭔지 또 알아야만 한다. 온도는 간단하게 말하면 물질이 가지는 에너지의 정도라고 이해하면 거의 완벽하다. 에너지(일)는 물질의 상태를 바꾸거나 위치를 바꿀 수 있는 것, 즉 에너지가 크면 멀리 움직이게 할 수 있고, 물을 수증기로도 바꿀 수 있고, 물에 국부적인 전기에너지를 주면 물 분자가 수소와 산소로 분리되기도 한다. 그렇다면 온도가 높아지면, 즉 물질의 에너지가 커지면 어떻게 되는 것일까? 참으로 생각할 일이 많아서 머리가 지끈거리겠지만 알고 나면 재미있는 것이 세상의 법칙이니 계속 설명하겠다.

물질을 구성하는 것은 원자(Atom)이다. 원자끼리 세게 결합하여 존재하는 분자(Molecule)가 물질을 구성하는 근본 단위라고 설명하는 사람도 더러 있지만 분자도 원자가 결합한 것이니 전공불문하고 원자로 설명해도 별 차이는 없다. 어떤 물질의 온도가 증가하면 그 물질을 구성하는 원자들의 에너지가 커진다.

에너지가 무엇인가? 상태를 바꾸거나 위치를 바꾸는 근원이다. 즉 원자는 에너지가 높아지면, 마구 진동하고, 멀리까지 운동하고 빠르게 회전한다. 고체에 열을 가하면, 원자들은 에너지가 높아진다. 높은 에너지를 가진 원자들은 제자리에 가만히 있지 못하고 진동하고 회전하고 원래 위치에서 달아나려 한다. 그 진동, 회전 그리고 이동이 어느 한계 이상 커지면 원자결합을 끊어버리는 것이다. 그래서 1 기압에서 물의 온도를 상온에서 100도로 높이면, 즉 100도에 상당하는 에너지를 물 분자들이 흡수하면 고체를 유지하던 분자들 간의 결합이 끊어지고 분자들은 자유롭게 이동하는 것이다. 이 원리는 온도의 차이가 있지만 모든 고체가 액체가 되는 과정에 적용된다.

즉 원자나 분자에 있어서 온도는 그들이 얼마나 진동하고 움직일 수 있는지 그 정도를 정한다. 여기서 또 재미있는 사항을 추리해 낼 수 있다. 원자 간 결합이 끊어지지 않을 정도로 온도를 올리면 어떻게 될까? 영민한 독자는 알아차렸을 것이다. 물질 내부의 모든 원자들이 원자결합이 끊어지지 않은 범위에서 진동한다. 즉 원자 간 평균 간격이 증가하게 되는 것이다. 유레카! 바로 온도가 높아지면 물질은 열팽창한다. 그것은 바로 원자의 진동 때문이었다. 물질마다 원자결합도 원자배치도 다르니 열팽창계수(온도 1도 상승할 때, 늘어난 길이)도 다른 것이다.

그렇다면 열전도 즉 열은 어떻게 전달되는지 살펴보자. 모든 사람에게 열이 무엇이냐?라고 물어본다면, 뜨거운 것이라고 답한다. 그렇다면 열을 가하면 왜 뜨거워지는가? 또는 뜨거운 것은 도대체 무엇을 의미하는가?라는 새로운 질문이 생긴다. 사실 '뜨겁다' 또는 '차갑다'라는 것은 인간이 느끼는 감각이다. 앞서 언급한 바와 같이 온도가 증가하면 원자나 분자의 진동이 심해진다. 따라서 뜨거운 것에 접촉하면, 즉 우리 세포에 열이 전달되면, 피부를 구성하고 있는 분자는 진동할 수밖에 없다.

이러한 진동을 우리 몸, 특히 피부 내 세포조직들이 감지한다. 특히 신경말단은 매우 예민해서 뜨거운 물체가 접했을 때, 피부분자들의 진동을 즉시 감지하고, 혹시나 세포가 파괴된 경우는 어마어마한 고통의 신호를 뇌로 보낸다. 뇌는 이러한 고통을 피하기 위해 각 기관 특히 근육에 움직이라는 신호를 보내 뜨거운 물체와 최대한 멀리 떨어지려 한다.

피부의 구조를 살펴보면, 그 작은 부피에 피부를 구성하는 원자와 분자들의 위치 변화와 진동으로 인한 압력 변화, 그리고 세포조직의 파괴 등을 감지하는 센서들이 촘촘하게 존재한다. 인간, 나아가 모든 생명체는 정말로 신비한 구조를 가지고 있다.

'차갑다'부터 '뜨겁다'를 우리 뇌가 느낄 수 있는 이유는 피부로부터 평소와 다른 전기적 신호가 오기 때문인데, 낮은 온도의 피부는 평상시의 온도보다 세포를 구성하는 분자들의 진동도 작고, 세포 내 물질의 이동도 늦어지기 때문에 이를 감지한 신경말단은 차갑다는 신호를 뇌에 보낸다. 여기서 중요한 점이 있는

데, 세포를 구성하는 성분 중 제일 많은 것이 바로 물이다. 매우 낮은 온도에서 물은 당연히 얼음이 된다. 살아있는 세포 안의 물이 얼음이 된다면, 세포 내의 물질이동은 중단되고 그 세포는 더 이상 살아있는 세포가 아니게 된다.

이것이 이른바 동상의 원인이다. 반대로 온도가 올라, 세포 내 분자의 진동은 커지게 되고, 더 높은 온도에서는 분자결합들은 끊어지고 만다. 세포를 구성하는 분자결합들이 끊어졌다는 것은 원래 세포가 아니라는 의미가 되고 그 세포는 죽은 게 된다. 우리가 느끼는 차갑다 그리고 뜨겁다는 것도 결국은 원자 혹은 분자 간의 결합이 변하는 것을 감지하는 것이다.

뜨거운 물체를 손가락으로 만지면 뜨거운 물체의 열이 어떻게 손가락으로 전달되는 것일까? 열이 전달되는 과정을 한번 곰곰이 생각해 보자. 다시 온도의 정의는 물질이 가지 고 있는 에너지의 정도라는 것을 음미하자. 그리고 에너지는 여러 가지가 있는데, 열이란 것도 에너지의 한 종류이다. 그렇다면 열을 흡수한 물체는 온도가 올라간다. 그리고 물체의 한쪽이 뜨겁고 한쪽이 차갑다면 결국에는 전체가 같은 온도인 미지근한 물체로 변한다. 그리고 그것을 대기 중에 오랫동안 방치하면 물체와 대기의 온도는 같아진다. 이쯤 되면 열은 전체 온도가 일정해질 때까지 전달된다는 것을 누구나 확실히 알 수 있다.

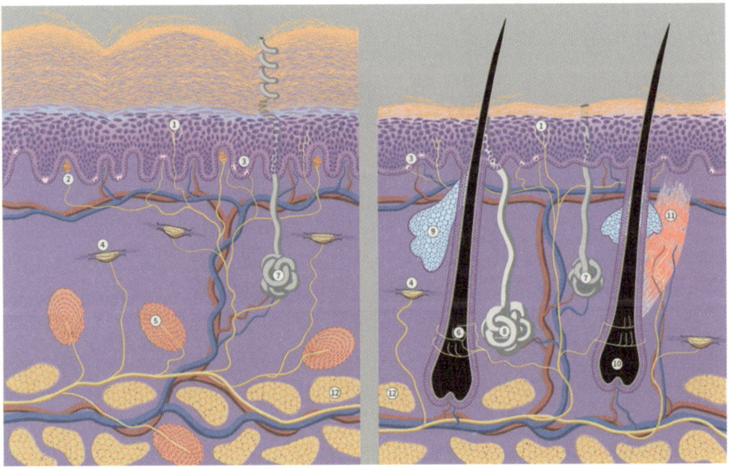

피부의 얼개, 1)신경말단: 통증 및 온도변화 감지, 2)마이스터소체: 촉각과 압각, 3)메르켈세포: 신경말단에 연결된 세포, 가벼운 터치와 진동을 감지, 4)구근소체: 피부의 펴짐을 감지, 5)파치니소체: 피부의 전체적인 압력변화와 진동을 빠르게 감응하는 수용체. 6)모발신경총: 촉각감응, 매우 민감함. 7)에크린 분비샘: 노폐물과 땀을 몸 밖으로 배설. 8)아포크린 분비샘: 지방성분의 땀 분비. 9)홀로크린 분비샘: 분비물과 분해된 세포를 배설, 10)모낭, 11)M. arrector pili: 모낭에 붙은 근육, 털을 곤두서게 하는 역할 12)체지방세포, 빨간색 핏줄은 세동맥, 파란색 핏줄은 세정맥, 노란색 선은 신경을 나타낸다. 출처: http://www.hegasy.de/

아주 작은 입자는 열에너지를 받으면, 앞서 언급했듯이 회전, 진동 그리고 이동이 활발해진다. 고체, 액체 그리고 기체 형태의 모든 물질에서 이것은 예외란 것이 절대 없다. '세상에 예외 없는 법칙은 없다'라는 말이 있는데, 이것은 사람이 만든 법칙에만 해당되는 것이지, 자연에 숨어있는 규칙은 한 치도 틀림없이 작용한다. 이러한 법칙을 발견하는 사람들에게 가끔 노벨상이 수여되기도 한다.

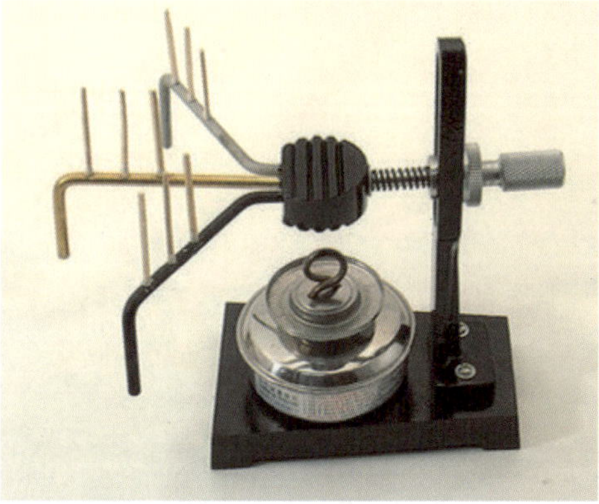

추억의 열전달 시험 장비, 예전엔 알콜램프와 삼발이와 막대로 간단한 구성이었는데, 지금은 제법 정확한 실험을 할 수 있도록 구성되어 있다.

초등학교 때, 금속의 열전도 실험을 해본 적이 있을 것이다. 구리, 쇠, 알루미늄 그리고 유리막대를 삼발이에 얹혀놓고 촛농을 막대에 규칙적으로 굳혀서 한쪽을 알코올 램프로 가열하여 촛농이 빨리 떨어지는 순서, 즉 열전도도가 큰 물질을 찾아내는 실험이다. 그 결과를 알고 있는 사람도 여럿 있을 법한 데, 열전도도가 높은 순대로 말해보라…. 답은 구리, 알루미늄, 쇠, 유리막대 순이다.

뜨거운 부분, 즉 열에너지를 흡수한 원자나 분자들은 진동한다. 그리고 옆에 결합되어 있는 원자를 가만히 내버려 둘 일은 결코 없다. 따라서 자기가 가지고 있는 진동을 옆의 원자들에게 전달한다. 진동을 전달받은 원자들 역시 옆의 다른 원자들에 그것을 전달한다. 열전달에 있어서 이것이 바로 고체물질의 열전도 원리이다. 서로 결합된 원자들에 의해 진동을 전달하는 메커니즘은 전문가들에 의해 포논(Phonon) 전도라 이름 붙여졌다.

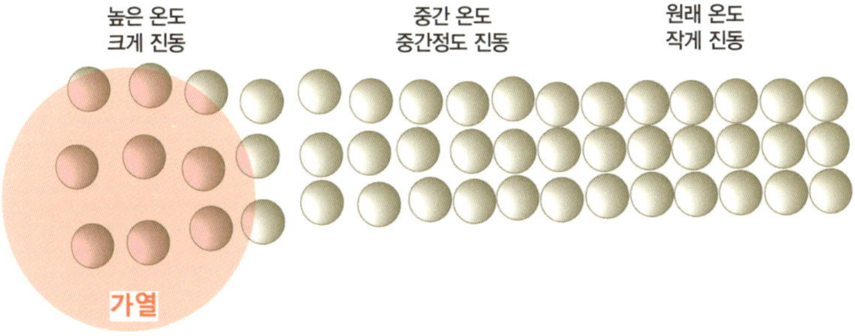

원자들이 강하게 결합되어 있는 고체 물질을 과장해서 그린 열전도 개념도

여기서 한번 눈 여겨볼 점이 있다. 규칙적으로 원자끼리 인접하여 결합된 원자구조와 그렇지 않은 구조는 열전도도가 어떻게 다를까 생각해 보자. 대표적인 예로 수정과 유리를 비교해 보면 열전도도 차이가 원자결합에서 비롯된다는 것을 알게 된다.

수정(Crystal)은 실리콘(Si)과 산소(O)가 매우 규칙적으로 결합되어 있다. 원자 간 거리, 그리고 특히 각 원자들이 배치된 각도가 매우 일정하다. 이렇게 원자들의 거리와 각도가 일정하게 배치된 것을 결정(Crystal)이라고 하고, 결정배치를 간단하게 표현한 것을 결정격자(Crystall lattice)라고 한다. 즉 결정격자를 가지기 위해선 개개의 원자가 이웃원자와 화학결합을 해야만 한다.

가지런한 원자배치를 가지는 수정의 열전도도는 1.3W/m·K이고 유리는 0.55에서 0.75W/m·K이다. 수정과 유리를 구분할 때, 손을 대보면 더 찬 것이 수정이라고 말하는 사람들도 더러 있다. 만약 표면 거칠기가 같을 때, 열전도도가 큰 수정이 손의 열을 더 잘 전달하기 때문에 수정이 차갑게 느껴진다. 사람들의 경험이 축적된 방법은 무시하지 못할 때가 많다.

3장에서 고무의 결정구조를 나타낸 바와 같이, 원자들의 규칙성이란 것을 찾아보기 힘든 고무를 포함한 플라스틱은 금속이나 세라믹보다 열전도도가 매우 낮다. 즉 원자들이 주위 원자와 인접하고 강하게 결합되어야만 격자진동에 의한 열전도 즉 포논(Phonon) 전도가 효율적으로 일어난다. 열전도가 비록 낮은 플

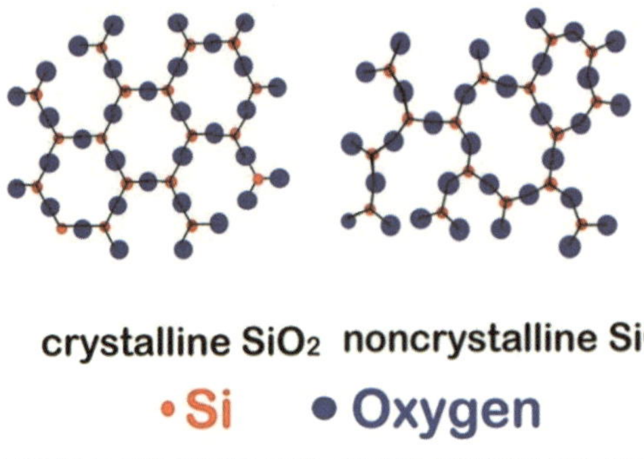

수정은 SiO_2가 규칙적으로 결합되어 있고 유리는 원자끼리 화학적으로 결합되어 있기는 하지만 규칙적으로 배열되어 있지 않다. 그래서 빈 공간도 많아 밀도가 낮다. 이것 때문에 유리의 열전도도가 수정에 비해 작다.

라스틱이지만 어떤 제품에는 열전도도가 높아야 좋을 때가 있다. 예를 들어 금속과 세라믹을 붙이는 강력 접착제(접착제도 플라스틱의 일종이다) 같은 것이 아주 좋은 예라 할 수 있다. 뜨거워진 물체의 열을 방출하기 위해선 열전도가 높은 구리(400W/m·K)와 같은 금속이 아주 딱이지만 세라믹과 잘 붙지 않는다. 이때 세라믹과 구리를 붙이기 위해서 사용되는 접착제는 분자들이 결정구조를 가진 것처럼 원자들이 서로 촘촘하게 연결되어 열전도도가 거의 1W/m·K를 초과하는 경우도 있다. 일반적인 플라스틱의 열전도도가 0.125~0.2W/m·K라는 것을 감안하면, 실로 화학공학자의 노력이 눈물겹다.

이와 같이 치명적으로 낮은 플라스틱의 열전도도를 높이기 위한 연구는 의외로 간단한 원리로부터 출발하는데, 그 첫 번째가 무작위로 배열된 구조를 최대한 규칙적으로 배열시킨다는 것이다. 플라스틱을 구성하는 분자들은 대개가 실처럼 생겼다. 꾸불꾸불하고 긴 실을 나란히 펴서 실들 서로 간에 열에 의한 진동을 잘 전달하게 한다. 말은 쉬운 것 같지만 고분자로 구성된 플라스틱의 분자구조를 금속과 같이 규칙적인 격자를 가지게 하는 것은 거의 불가능하다. 그래도 많은 화학공학자들은 이 원리를 중심으로 열전도도가 높은 플라스틱을 계속 연구하고 있다.

5-3 전자는 열도 전기도 이동시킨다.

어떤 독자들은 금속의 열전도도는 유리와 플라스틱에 비해 너무나 높구나 하고 생각할 것이다. 구리가 수정의 400배 정도의 열전도도를 가지고 있으니 차이가 나도 너무 난다고 생각할 만하다. 그런데, 여기엔 충격적인 비밀이 있다. 금속이 '전기가 잘 흐른다'라는 것은 앞서 자유전자가 있기 때문이라고 설명한 바 있다. 열에너지는 작은 원자와 같은 입자를 진동시킨다. 그렇다면 원자보다 너무나 작은 전자는 열에너지를 흡수하면 어떻게 될까? 이제는 누구라도 예상할 수 있다.

전자도 당연히 진동한다. 게다가 원자핵에 비해 너무나 가벼워서 그 진동폭도 크다. 게다가 전자의 크기에 비해선 너무나 엄청난 거리를 이동한다. 유레카! 금속의 열전도는 원자격자의 진동보다 전자, 즉 금속의 자유전자의 진동과 이동에 의해 전달되는 열이 더욱 효과적인 것이다.

금속은 다른 물질과 달리, 전기와 열의 전도를 격자진동보다는 주로 전자가 도맡아서 한다. 적어도 고등학생 이상이라면 이러한 원리를 잘 이해할 것이다. 그런데, 초등학교 과학시간, 여러 물질의 열전도도를 비교할 때, 예를 들어 유리와 구리막대의 열전도 실험을 할 때, 격자진동과 전자이동에 대해 초등학생에게 어떻게 설명해야 할지 고민스럽다.

금속의 경우, 열전도도를 비교해 달라고 하면, 그냥 전기전도도 차이를 보여주면 거의 무리가 없다. 앞서 언급하였듯이, 금속은 격자진동에 의한 열전달보다 자유전자가 훨씬 열을 잘 전달하기 때문이다. 그리고 전기전도도나 그 반대인 전기저항을 측정하는 것보다 열전달을 측정하는 것은 매우 어렵기 때문이기도 하다. 그도 그럴 것이, 매우 작은 물체의 온도를 측정하는 것은 이미 그것을 접촉한 장비에 원자진동을 전달한 상태이고, 그 물체의 격자진동은 잦아든 상태이기 때문에 온도를 정확하게 측정하기 힘들다.

금속이 다른 물질에 비해 전도도가 높은 것은 사실이지만 금속의 종류에 따라 각양각색이다. 앞서 표에 언급한 것과 같이 우리가 주로 사용하는 쇠(철)의 전도도는 순 구리의 거의 10분의 1이다. 전도도가 작다는 것은 저항이 크다는 말과 동일하다. 저항이 클수록 전기(전자의 흐름)가 원활하게 흐르지 못하고 열이 난다. 이래서 전선에 값싼 철을 쓰면 큰일이 난다.

어떤 금속은 큰 저항을 가지고 있어서 전기를 잘 통하게 하는 목적으론 쓰지 못하지만 오히려 열을 내는 목적으로 사용한다. 우리가 겨울에 사용하는 전열기는 저항이 큰 금속을 이용해 열을 낸다. 여기서 중요한 점은 금속의 용융점이 꽤 높아야 하는

데, 전기가 흐르며 방출된 열이 자기 자신을 녹일 수도 있기 때문이다. 따라서 난방기는 과열되지 않도록 조심하는 것이 좋다. 자칫하다 주변 물건을 태워 화재의 원인이 되기 때문이다.

금속의 전기 전도도는 금속이 가지는 자유전자의 개수와 전자의 평균 이동거리에 비례한다. 손톱만 한 금속조각이 가지는 전자의 개수는 수 조 곱하기 수 조개를 훨씬 넘기 때문에 전도도는 전자의 평균 이동거리(평균자유행로, mean free path)에 크게 영향을 받는다.

전구를 매우 긴 전선에 연결하고 스위치를 켜면 즉각 전구에 불이 밝혀진다. 그래서 많은 사람들이 전자의 이동이 전기가 흐르는 것이므로 전자의 이동이 빛의 속도라고 생각하는 사람이 많을 듯하다. 그러나 직류에서 전자의 이동은 놀랍게도 한 시간에 1m를 이동하지 못한다. 다만 전압을 가하면 그 전기장은 빛의 속도로 전달되기 때문에 전구의 필라멘트의 전자도 동시에 이동해 열과 빛을 내는 것이다. 실제로 교류 전기는 전기장이 반복되어 원래 자리에 있었던 자유전자는 거의 그 자리에 있다. 그래서 대량의 전기를 흘릴 때는 교류전기가 더 효율이 높다.

전자의 평균 이동거리는 금속의 순도와도 직접적인 관련이 있다. 예를 들어 구리에 불순물이 함유되어 있는 경우, 원래 구리가 있어야 할 격자에 다른 원자들이 차지하면, 그 크기도 다르고 원자결합의 거리도 달라져서 균일하던 격자가 왜곡, 즉 찌그러진다. 이런 곳에 전자가 부딪쳐서 그 경로가 바뀐다. 직진하다가 다른 쪽으로 튀었으니, 이동 거리가 짧을 수밖에 없다. 애석하게도 순 금속마저도 여러 격자결함을 가지고 있다. 원래 원자가 있어야 할 자리에 아무것도 없는 공공(Vacancy), 다른 종류의 원자(불순물 원자, impurity), 게다가 금속을 소성가공하면 어마어마하게 생성되는 전위(Dislocation) 그리고 서로 다른 결정격자 방향이 만나는 결정립계면(Grain boundary)이 모든 것이 전자의 직진운동을 방해하는 요소이다.

여기에 다른 성분을 고의로 집어넣은 합금(合金, alloy)은 원래 격자에 다른 원자가 위치하는 정도가 심해지고, 전기 전도도가 낮은 화합물도 생성하기 때문에 이래저래 전자의 평균 이동경로는 더 짧아진다. 그래서 전기전도도가 감소하고, 즉 저항은 커지는 것이다. 전자의 이동이 방해받는 정도, 여기저기 충돌하는 횟수가 많아지면 전자와 충돌한 원자도 많아진다. 그 원자들은 충돌에 의해 진동하게 되고 그 진동은 열을 발생시킨다. 그래서 전기 저항이 크면 열이 잘 발생된다.

5-4 방해받지 않는 전자

세상의 에너지는 어떠한 일이 있어도 보존된다. 질량이 보존되는 것과 마찬가지로 에너지란 것도 그 형태가 변화되어도 총량은 유지된다. 우선 질량의 제일 정확한 정의는 '움직이기 힘든 정도'이다. 천재 뉴턴은 이것을 수식으로 풀어냈다. m(질량) = F(힘) ÷ a(가속도), 움직이는데 힘이 많이 들거나 속도 변화량이 적으면 질량이 크다는 말이다. 그렇다면 에너지는 무엇인가?

이것의 정의는 질량보다 설명하기 어렵다. '무엇을 변화시킬 수 있는 정도'가 제일 과학적인 정의라고 할 수 있다. 위치를 바꿀 수 있는 위치 또는 운동에너지, 원자를 진동시키거나 이동시킬 수 있는 열에너지, 전자를 포함한 전하를 이동시킬 수 있는 전기에너지 등이 있다. 갑자기 전자의 이동거리를 설명하다가 웬 질량과 에너지를 언급하는지 의문을 가지겠지만 전자가 방해받지 않고 이동하는 원리(초전도의 원리)를 설명할 때 필요하다. 과학자들은 이러한 원리를 이용해 초전도의 원리를 찾아내었다.

전기를 흘리는데 저항이 0라는 것은 일반인은 가늠하기 힘들겠지만, 과학자들에게는 청천벽력과 같이 어마어마한 일이다. 전기저항이 낮은 순 구리도 전기가 흐르면 열이 발생한다. 저항이 있다는 것은, 즉 전기에너지를 전달하는데 그 일부가 열로 바뀌어 손실을 본다는 의미이다. 발전소에서 생성된 전기를 금속선이 아닌 초전도선을 이용하면 에너지 손실이 없을 테니 정말로 작은 크기의 전선으로도 송전이 가능하단 말이 된다.

저항이 0인 초전도 현상은 왜 일어나는가? 아인슈타인과 파인만도 밝혀내지 못한 초전도의 원리는 과연 무엇인지 파헤쳐 보기로 하자.

초전도가 발견된 것은 순전히 우연이다. 네덜란드의 하이케 캐머린 온네스(Heike Kamerlingh Onnes)는 1908년 10월 세계 최초로 액체 헬륨을 만드는 데 성공했다. 당시 세계의 과학자들은 누가 온도를 더 낮출 수 있을까 경쟁하던 시기였다. 헬륨의 끓는점은 영하 269℃(4.2K)이니, 기체인 헬륨이 액체가 되려면 온도는 이보다도 낮아야 한다. 온네스는 액체 헬륨의 온도를 더욱 낮추어 지구상에서 제일 낮은 온도인 271.5℃(1.5K)에 도달했고, 이는 지구상에서 제일 낮은 온도라는 영예를 획득한다.

1911년, 당시 일부 과학자들이 온도가 낮아질수록 저항이 커진다는 주장에 의문을 품던 과학자중의 하나인 그는 4.2K의 액체 헬륨에 수은, 주석 그리고 납등을 담가 전기저항을 측정했다. 희한하게도 어떤 금속들은 저항이 아예 없어진다는 사실을 발견한 것이다. 이 결과는 삽시간에 온 세계로 알려졌고, 온네스는 세계 최저 온도 달성자 외에 초전도 현상의 최초 발견자라는 명성을 획득하게 된다. 기존의 정설에 반감 또는 호기심이 없었다면 초전도 현상은 다른 과학자가 발견했을지도 모른다.

원리를 알아야 연구도 개발도 진행될 수 있듯이, 초전도 현상을 발견한 이래 정말로 많은 사람들이 그 신비를 캐기 위해 노력했다. 그렇지만 기존의 물리 지식만으로는 도무지 해결할 수 없었다. 도대체 왜 이런 이상한 일이 일어나는 것일까? 결론부터 말하자면, 지금까지도 초전도 현상의 비밀은 완전하게 풀어지지 않았다. 아마 초전도 현상을 완벽히 해석한 이론을 만든다면 그 사람에게 노벨상이 수여될 것이다.

어쨌든 초전도 현상이 발견된 시기는 양자역학이 대두되는 시기였다. 그 당시 양자역학은 원자 및 전자의 이런저런 성질을 차례차례 발견하고 이론을 제시하던 단계였다. 양자역학이 주는 여러 힌트에 주목한 존 바딘(John Bardeen), 레옹 쿠퍼(Leon N. Cooper) 그리고 로버트 슈리퍼(Robert Schrieffer)는 초전도 현상을 너무나 잘 설명한 해결책을 들고 나왔다. 뛰어난 연구 집단에서는 꼭 현상을 다른 시각으로 바라보는 사람이 있기 마련이다. 세 사람 중 바딘과 슈리퍼의 제자인 쿠퍼는 창의적인 아이디어를 자주 내는 사람으로 이미 정평이 나 있었다. 그는 누구도 생각하지 못한 발상을 내놓았다.

전자가 쌍으로 모여 다닌다는 생각이었다. 이전에도 말했지만 음의 전하인 전자가 같이 붙어 다닌다는 것은 그 어마어마한 척력을 견뎌야 해서 정말로 말도 되지 않는 생각이었다. 그런데 원자핵의 질량과 전자의 빠르기를 생각하면 매우 타당한 생각이었다. 매우 빠른 전자는 원자들 사이를 지나가며 흔적을 남긴다. 그 흔적은 음전하와 붙으려는 양전하 원자핵들의 움직임이다. 전자는 가벼워서 빨리 움직인다. 전자와 가까이 붙으려고 몰려든 원자핵들은 너무 무거워 전자가 지나간 후, 관성에 의해 제자리로 돌아가는데 시간이 걸린다.

그런데 정말 그 거리와 시간이 적긴 해도, 그 찰나, 원자핵들이 뭉쳐있는 중이니 다른 격자에 멀쩡히 제자리를 지키고 있는 원자핵보다는 멀리서 보는 전자가 느끼는 양의 전하는 세다. 먼저 가던 전자가 만든 양전하 흔적 때문에 뒤에서 따라오는 전자는 조금의 차이이긴 하지만 양의 전하가 강하니 당연히 달려드는 것이다. 독자도 잘 알다시피 금속에 자유전자는 너무나 많다. 한 전자가 이동하면서 만든 양전하 흔적에 뒤에 오는 전자는 전기력에 끌려 쉽게 이동하는 것, 즉 전자가 두 개씩 뭉쳐 효과적으로 이동하는 것이다. 전자가 잘 이동한다는 것은 저항이 작다는 말과 동일하다.

가벼워 매우 빨리 움직이는 전자와 원자핵의 큰 질량이 짧은 시간에 국부적인 양전하를 만들어 전자가 쌍으로 움직인다는 것이 바로 금속의 초전도 현상을 설명하는 당시 최적의 이론이었다. 정말로 모든 것이 해결된 듯한 이 이론은 바딘(Bardeen), 쿠퍼(Cooper) 그리고 슈리퍼(Schrieffer)의 이름을 따서 BCS이론이라고 불린다. 이 BCS 이론에 의하면 금속에서 초전도 현상이 일어나는 한계온도는 절대온도 40K를 넘지 못했다.

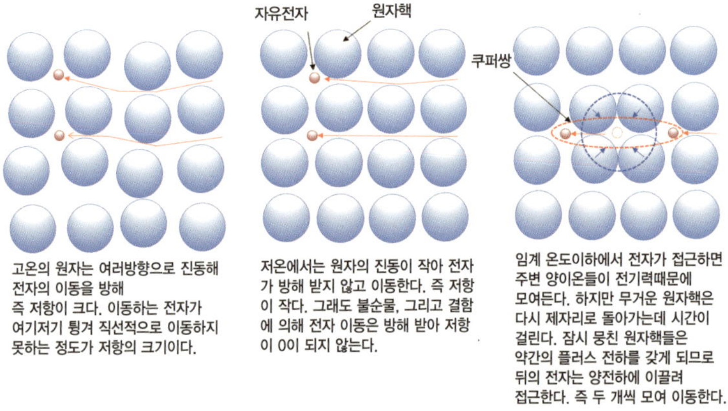

금속 초전도 이론을 설명한 BCS(Bardeen-Cooper-Schrieffer) 이론의 중심원리

초전도 현상을 연구하는 많은 사람들, 특히 일본 쪽의 연구자들은 초전도 현상과 헬리혜성이 지구를 방문하는 시기와 밀접한 관련이 있다고 우스갯소리를 하기도 한다. 왜냐하면, 온네스가

초전도 현상을 발견한 해가 헬리혜성이 지구에 도착했기 때문이다. 그리고 또 헬리혜성이 지구를 방문한 1986년 또 초전도 분야에 어마어마한 발견이 또 일어났다.

1986년, 미국의 초전도 학회에선 어느 한 발표 때문에 한 밤중이 지나 새벽까지 참가한 과학자의 토론이 끝나지 않았다. 미국 IBM사의 요하네스 게오르그 벤더즈(Johannes Georg Bednorz)와 칼 알렉스 밀러(Karl Alexander Müller)가 영하 238℃(35K)에서 초전도 현상이 발생하는 LaBaCuO를 만들어 낸 것이다. 이것이 바로 고온 초전도 재료의 시초이다. 이것으로 노벨상을 수상했고, 이 물질로부터 고온 초전도 재료 개발 경쟁이 심화된다. 그러나 고온 초전도 현상을 완벽히 설명한 이론은 아직까지 나오지 못했다. 그도 그럴 것이 이전의 초전도 현상은 금속에서 주로 발견되었기 때문이다.

그런데, 이때 발견된 초전도체는 화합물이었다. BCS이론으론 확실히 설명하기 어려운 점이 많다. 여러 학자들에 의해 해결의 실마리가 될 수 있다는 연구결과가 종종 보도되고 있지만 아직은 모든 과학자들이 인정할 만한 결과는 아닌 것 같다. 지금은 초전도 현상의 임계온도가 액체질소의 온도를 훌쩍 넘는 재료들이 많이 개발되었다. 액체 질소의 온도를 왜 갑자기 언급했는지는 나중에 설명할 예정이다.

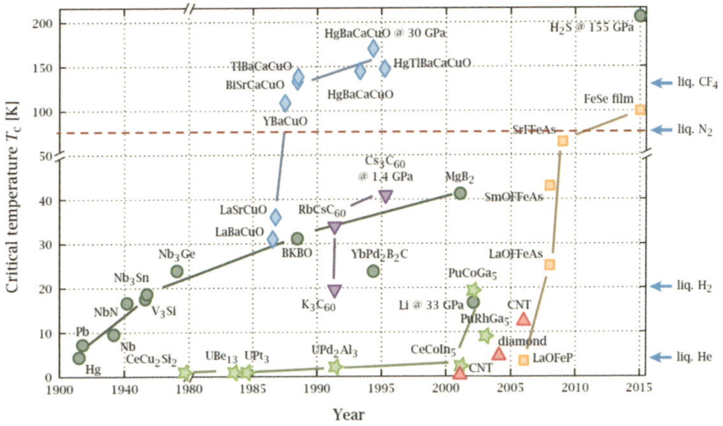

초전도물질이 발표된 연도와 초전도 현상이 발휘되는 온도(절대온도,K), 그림출처: 위키피디어, By PJRay

초전도 물질이라도 아무 때나 초전도 현상이 일어나는 것은 아니다. 어떤 환경에서도 초전도 현상이 발생하면 좋으련만 세 가지의 조건이 동시에 충족되어야만 한다. 첫 번째는 우리가 잘 알고 있는 온도이다. 그리고 전류밀도와 자기장의 세기이다. 이 세 가지 물리량의 한계점, 즉 임계 온도, 임계 전류밀도 그리고 임계 자기장이다. 이 중 하나가 초과되어도 초전도 현상은 절대로 발생하지 않는다. 따라서 현재까지 밝혀진 초전도 현상의 3대 요소는 온도, 자기장의 세기, 그리고 전류밀도의 크기이다.

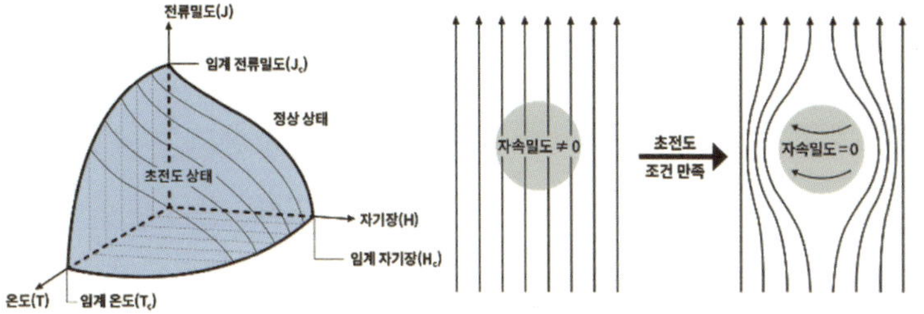

초전도물질에서 초전도 현상이 발생하기 위한 임계조건, 초전도현상의 하나인 마이스트 효과, 그림출처: 과학동아

그리고 어떤 물질이 초전도 현상을 나타낼 때, 꼭 따라다니는 현상이 있다. 첫 번째로는 당연히 저항이 0이 되고, 두 번째는 자력이 물질을 투과하지 못한다. 너무나 유명한 효과라 설명할 필요도 없겠지만, 초전도 물질이 자석 위에 둥둥 떠다니는 현상이다.

그리고 두 초전도 물질사이에 전기가 통하지 않는 얇은 물질(Insulator)이 있어도 초전도 물질 사이에 전류가 흐른다는 것이다. 이 세 가지 현상이 동시에 일어나야만 초전도 물질이라고 할 수 있다.

이 세 성질로 인해 초전도 물질은 큰 전류를 흐르게 하거나, 자기 부상 그리고 미약한 신호를 검출할 수 있는 센서로 이용할 수 있는 기대를 가지게 한다. 이를 위해 과학자들은 보다 고온, 높은 전류밀도, 그리고 높은 자기력에서 초전도 현상이 일어나는 물질을 연구하고 있다.

어쨌든, 초전도 현상을 발견했으니 그다음 순서는 당연히 실생활에 적용해야 한다. 너무 낮은 온도에서 초전도 현상이 일어나는 것은 제품에 초전도 물질을 채용하는 것을 힘들게 한다. 제일 온도가 낮은 액체 헬륨의 가격은 상상을 초월하게 비싸기 때문이다. 다양한 제품에도 초전도 물질을 사용하기 위해선 보다 높은 온도에서 초전도 현상이 일어나야 한다. 그래서 고온 초전도 재료의 1차 관문, 즉 질소의 끓는점인 −196℃(77K)을 초과해야 한다. 왜냐하면 액체질소는 매우 싼 물질이기 때문이다.

2023년 현재 액체질소의 가격은 1리터(Liter) 당 2,700원 정도이다. 우리가 즐겨 마시는 우유가 대형마트에서 3,000원 정도 가격이니 액체질소가 왜 고온 초전도체의 기준이 되는지 알 수 있다. 즉 액체질소를 이용할 경우, 경제적으로 초전도 물질을 이런저런 제품에 적용할 수 있게 된다.

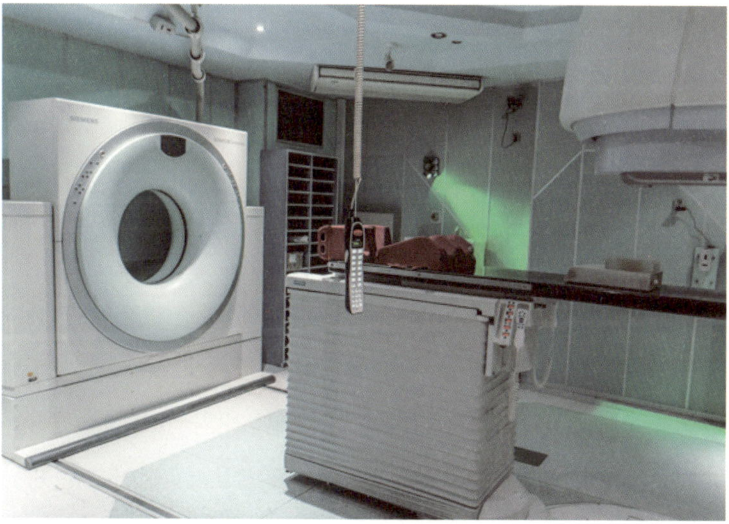

자기공명영상(Magnetic Resonance imaging, MRI)은 강력한 자기장에 의해 수소의 원자핵이 배열하고 그 때 발생하는 신호를 영상으로 편집하는 기술이다. 전자만 움직이는 것이 아니라 원자핵도 회전을 하고 있으니 자기장에 의해 회전축이 바뀌게 된다. 생명체는 물과 수소를 많이 함유하고 있어서 이 들이 집합과 행동을 컴퓨터로 관측해 영상을 만드는 것이다. 강력한 자기장이 필요하기 때문에 초전도 자석이 이용되고 있다.

과학자들은 초전도 현상이 일어나는 한계 온도를 1도라도 높이기 위해 정말로 지루할 정도로 연구를 계속하고 있는 중이다. 초전도 현상을 실제 적용하는 것은 매우 힘든 일이지만 그래도 여기저기에서 이미 활용되고 있다. 그중에서도 핵자기공명(MRI, 기술)을 이용한 것은 거의 실용화되었다고 해도 과언이 아니다. 핵자기 공명장치 내 전기가 흐르는 링에 전류를 흘려보내야 한다. 이때 신체의 영상을 얻기 위해서는 적어도 0.5Teslar

이상의 자력을 가져야 한다. 만약 영구자석으로 0.3T(Teslar)의 자력을 얻으려면 100톤의 자석이 필요하다. 그래서 큰 자력이 필요한 MRI는 초전도 자석이 사용된다. 저항이 0이니 전류가 한 번 흐르면 이론적으로 영원히 전류가 흐르고 일정한 자장이 계속 형성되는 것이다.

전류가 계속 흐르는 게 중요하므로 현재는 액체 헬륨을 주입하여 자력을 유지하는데, 비록 비싸더라도 액체 헬륨을 계속 주입하는 것이 고자력을 유지하는 데, 비록 비싸더라도 고자력을 유지하는데 액체 헬륨을 계속 주입하는 것이 비용적인 측면에서 더 낫기 때문이다.

N E O A L C H E M I S T

제6장

강함과 질김

제6장 강함과 질김

6-1 강하고 잘 늘어나는 금속

아름드리나무는 폭풍에 견디지 못하고 부러지지만 연약한 갈대는 폭풍에 견딘다는 말이 있다. 강하기만 해서는 가혹한 환경에 견디지 못한다는 의미를 품고 있다. 물질도 이와 유사한 행동을 할 때가 많다.

재료가 강하다란 의미는 크게 두 가지로 나타낼 수 있다. 재료에 힘을 가했을 때 그 형태가 변형되기 시작하는 힘의 크기, 정확하게 표현하면 형태가 유지되지 못하고 변형되기 시작하는 응력(힘/단면적)을 항복강도(Yieled strength)라고 한다. 응력은 압력과 같은 단위인데 사용하면 여러모로 요긴하다. 예를 들어 하나의 실이 끊어지지 않고 무게 100g을 견뎠을 때 천 가닥의 실을 꼬아 만든 밧줄은 얼마의 무게를 견딜까? 그렇다. 정말 얼마의 힘을 견뎌내는가를 재료마다 정확하게 비교하기 위해선 힘의 단위보다는 단위면적당 힘인 응력으로 표현하는 것이 훨씬 과학적이다.

다른 하나의 강하다란 의미는 재료가 파괴되기 시작하는 응력을 말하고 정확하게는 인장강도(Tensile strength)라고 한다. 왜 인장강도란 표현을 사용하는가는 많은 재료가 인장시험기로 강도를 측정하기 때문이다. 인장시험기는 고도의 정확성을 가져야 하는데, 그 이유는 언제 어디서나 그리고 누구나가 재료의 강도를 포함한 기계적 특성을 믿고 이용할 수 있어야 하기 때문이다. 만약 자동차 재료를 정확하지 않은 기계로 측정해 기준치 이하의 특성을 가진 소재가 사용되었다간 정말로 끔찍한 일이 벌어질 수 있다.

신경을 써서 우리 주변을 둘러보면 여러 물질로 이 문명이 이루어졌음을 실감할 수 있다. 우리가 필수적으로 가지고 있는 스마트폰의 겉은 거의 플라스틱으로 되어 있는데 이것을 분해해 보면 금속과 세라믹도 포함되어 있다. 자동차는 완전히 재료의 종합예술이라고 할 수 있다. 멋있는 색을 뽐내는 고분자가 포함된 도료, 차창은 세라믹인 유리 그리고 차체는 튼튼한 금속이다. 재료를 더 세분화하면 열거하기 힘들 정도로 많은 정의가 있지만, 큰 범주로 보면 금속과 비금속 또는 금속, 세라믹 그리고 고분자이다. 아무래도 물질로 구분하자면 금속, 세라믹 그리고 고분자, 이 세 가지의 분류가 적절하리라고 생각된다.

이 세 가지 대표적인 재료에서 제일 강한 것은 무엇일까? 아마도 많은 사람들이 금속이라고 대답할 것이다. 하긴 금속 중에서 제일 많이 눈에 띄는 것이 철이니, 철을 접해본 사람들은 그 강함을 알고 있기에 금속이라고 말할 것 같다. 그렇다면 강도 말고 경도는 어느 것이 더 클까?라는 질문을 해보자. 딱딱함을 나타내는 경도(Hardness)는 강도(Strength)하고 의미가 많이 다르다. 경도의 정의는 과학적으로 '뾰족한 것으로 찔렀을 때, 잘 들어가지 않는 정도'이다. 이렇게 강도와 경도의 정의를 잘 구분하면, 경도가 큰 물질이 무엇인가?라는 질문에 열이면 열 금속이라고 대답하는 사람은 극히 적다. 보통은 유리와 사파이어 또는 다이아몬드 같은 세라믹이라고 답하는 사람들이 많다. 다이아몬드는 탄소로 구성되어 있어, 세라믹의 범주에 들지 않는다는 과학자들도 있기는 하지만 세라믹이라고 말하는 사람들도 있다. 어쨌든 경도가 높은 순위는 세라믹이 금속보다 한참 위에 랭크되어 있다.

그러면 앞의 3장에서 언급한 고무를 비롯한 플라스틱은 어떤 특성이 금속과 세라믹보다 앞설까? 뾰족한 금속이나 세라믹으로 플라스틱을 찌르면 영락없이 흠이 생기니 경도는 작은 편이고, 인장시험기로 플라스틱을 강도를 측정하면 상당히 낮은 응력에 변형이 일어나니 항복강도가 작고 그리고 어마어마하게 늘어나다가 끊어지니 인장강도도 낮은 편이다. 그런데, 플라스틱은 다른 두 종류의 재료인 금속과 세라믹보다 끊어지지 않고 잘 늘어난다. 게다가 화학적인 공정을 이용하여 금속이나 세라믹에 비해 저가로 만들 수 있는 장점이 있다. 그래서 우리 문명을 이루는 모든 구조물은 이 세 가지 종류의 재료로 구성되어 있는 것이다. 이 중 어느 하나도 중요하지 않은 것은 없다.

6-2 예상치 못한 파괴

앞 장에서 언급했지만 금속은 다른 두 재료와 달리 특별한 성질을 가지고 있다. 금속은 자유전자를 가지기 때문에, 일단 다른 두 재료에 비해 전기가 너무나 잘 흐른다. 그리고 플라스틱과 같이 외부의 힘에 변형이 쉽게 일어난다. 그렇다고 플라스틱처럼 아주 유연하게 변형되는 것은 아니고 큰 힘을 주어야만 변형이 된다. 이것은 매우 중요한 의미를 갖는데, 금속은 다른 물질에 비해 인성(韌性, toughness)이 매우 큰 편이다. 물질의 인성이 크기 위해선 인장강도도 커야 하고 늘어나는 정도인 연성(延性, ductility)도 커야 한다. 연성은 과학적으로 늘어난 길이/원래 길이로 표현되는데, 연성 100%라는 말은 원래의 길이에서 두 배로 늘어났다는 것을 의미한다.

고무는 작은 힘에도 길게 늘어난다. 반면 유리 또는 도자기 같은 재료는 힘을 주면 깨질지언정 늘어나지 않는다. 영민한 독자는 이제 알아차릴 것이다. 그렇다. 금속은 강도도 높고 늘어나기도 잘하는 편이어서 다른 두 재료보다는 인성이 매우 높다. 재료과학자들은 인성을 강도 곱하기 연성으로 표현하기도 한다. 자동차의 차체, 빌딩의 뼈대 그리고 비행기와 대형 선박의 외피가 금속으로 만들어지는 이유는 금속이 다른 재료보다 인성이 우수하기 때문이다. 가끔 공상과학 영화에선 유리로 만든 비행기, 자동차가 등장하기도 하는데, 아마도 잘 깨지지 않는 유리로 설정이 되어 있을 것이다. 재료를 연구하는 사람으로서 지금의 철강 재료만큼 인성이 있는 유리가 정말로 개발되었으면 하는 바람이다.

강도와 연성 이 두 가지 기계적 특성 측면에서 우수한 철강은 가성비 측면에서도 다른 금속의 추격을 허용하지 않는다. 특성과 가격을 모두 만족하는 철강이 거의 모든 탈 것의 외부 구조를 담당하는 것은 매우 당연한 일이다.

제2차 세계 대전에 참전한 미국은 전쟁을 유리하게 이끌기 위해 거대한 자본력으로 여러 가지 사업을 벌였다. 그중의 하나가 리버티선(Liverty ship) 제작 프로젝트였다. 루스벨트 대통령이 유럽의 연합군 특히 영국을 지원하기 위해 시작한 이 사업은 미국의 거대한 자본력과 추진력을 잘 보여준 사업 중 하나이다. 당시는 독일의 U 보트가 대서양을 횡단하던 화물선을 753척이나 격침시키던 때였다. 이때 루스벨트 대통령의 발상은 꽤 엉뚱했는데, 그는 U 보트가 파괴하는 화물선보다 더 많은 화물선을 만들자는 전략을 세웠다고 한다. 이 프로젝트로 조선된 리버티선은 제2차 세계대전에 필요한 물자와 병력을 수송하기 위해 미국의 산업시설을 풀가동해 만들어낸 배이다. 만재 배수량이

14,245톤, 길이가 135미터이고 1945년까지 총 2,710척이 건조되었다고 하니, 얼마나 많은 재료가 사용되었는지 짐작이 가고도 남는다. 리버티선의 제작은 자동차 대량 생산에 이용된 포드방식(Fordism)을 응용했다. 즉 규격화된 부품을 기반으로 미리 블록별 모듈을 제작한 후 기존 조선공정에서 사용되던 리벳가 공대신 용접으로 연결시켜 시간과 경비를 대폭 감소시켰다. 배 한 척을 완성하는 데 걸리는 시간이 평균 10일이었고, 당시 미국 언론들은 리버티선을 과자처럼 찍어낸다라고 보도하기도 했다. 독일에 의해 격침된 화물선보다 더 많은 배를 만들어 내면서 대서양을 통한 미국과 유럽의 물자 공급은 끊임없이 이어졌고, 그 결과로 전세는 독일 우위에서 연합군 우위로 돌아서게 되었다.

리버티선이 끊임없이 건조되던 1943년 1월 16일 오후 11시경, 미국 오레곤주 포틀랜드 조선소에는 갓 건조된 리버티선이 바다에 진수되고 있었다. 그런데 바다에 놓인 그 큰 배가 어마한 굉음을 내면서 두 동강이 나버리는 사고가 발생했다. 그 굉음은 수 킬로미터가 떨어진 곳에서도 들릴 정도였다. 그런데 1945년까지 제작된 2700여 대의 리버티선중 1,000대 이상이 전투상황과는 상관없이 운행 중이거나 심지어는 정박한 상태에서 심각한 손상과 파손이 발생했다. 외부로부터의 큰 충격이 없음에도 불구하고 이렇게나 심각한 파손은 많은 이들을 경악하게 했다. 그로부터 미국은 문제점의 원인을 분석하기 시작했고 다각적인 검토 끝에 다음과 같은 결론을 내었다.

1) 형상적으로 응력이 집중되는 부위에서 균열이 발생하고 성장한다.
2) 용접부에 균열과 같은 결함(Flaw)이 존재해 응력집중 현상이 일어났다.
3) 원래는 연성이 있어야 할 철이 취성파괴(Brittle fracture)가 일어났다는 것이다.

1943년 1월 16일 갓 건조된 리버티선, S.S.Schenectady, 조선소를 떠나기 전에 두동강이 났다. 미국 오레곤주 포틀랜드, 바다의 온도는 4℃, 대기기온은 -3℃ 였다.

최종적으로 리버티선의 파괴가 왜, 어떻게 일어났는지 미국이 내린 결론을 상식적인 선에서 살펴보자.

1)과 2)의 내용에서 내포하고 있는 '응력이 집중하는 부위에서 균열이 발생하고 성장'이란 내용을 설명하기 위해선 우선 확실히 알아야 하는 단어 2개가 있다. 바로 응력과 균열이다. 감각적으로는 이 책을 읽는 독자 모두가 이미 알고 있는 단어들이다. 문제를 해결하기 위해서는 과학적으로 확실히 알아두는 습관이 좋다.

응력은 여러 번 언급한 바와 같이 힘 나누기 단위면적이다. 압력과 단위가 같으니 압력이나 응력이나 힘의 방향만 다를 뿐이니 같은 개념으로 이해해도 무방하다. 즉 물질에 가해지는 힘을 물질의 크기와 부피에 상관없이 표현할 수 있는 아주 편리한 힘의 단위이다. 우리가 알고 있는 1 밀리미터 제곱당 1 킬로그램의 하중이 가해진다거나 1 밀리미터 제곱당 1 뉴턴(N)이 가해진다는 것과 같이 표현된다.

매우 순수한 구리는 미세조직에 따라 다소의 차이가 있지만 항복강도가 30 메가파스칼(MPa)이다. 여기서 1 메가파스칼은 1 밀리미터 제곱의 면적에 1 뉴턴(N), 바꾸어 말하면 1 밀리미터 제곱의 면적에 무게 약 0.1 킬로그램의 하중이 가해졌다는 의미이다. 그런데 성분과 미세조직에 따라 매우 차이가 크지만 잘 사용되는 일반 철강은 400 메가파스칼을 훌쩍 넘기도 한다. 그래서 같은 크기의 구리판과 철판을 구부리는데 걸리는 힘은 매우 차이가 나는 것이다.

다음은 균열이란 무엇인지 정확히 알아야 한다. 설마 '균열'을 모르는 사람이 있을까 하고 의아해하는 독자도 있을 법하지만 과학적으로 설명할 때 결코 만만한 단어는 아니다.

물질은 원자와 원자 또는 분자와 분자가 서로 결합되어 있다. 이러한 결합이 끊어지고 그것도 어마어마한 양의 결합이 끊어진 부분을 균열이라고 한다. 원자와 원자 간 결합이 한번 끊어지면 다시 붙는 것은 매우 어려운 일이다. 분자와 분자 간의 결합은 조금 다른 양상을 가지긴 하지만, 어쨌든 원자들이 서로 결합되어 있을 경우는 각 원자들에게 속했던 전자들이 특정한 궤도를 유지하며 이동한다.

그런데 원자들의 결합이 끊어졌을 때 전자들은 다시 새로운 궤도를 형성한다. 전자들이 원래 궤도를 유지하고 있다가 다른 궤도로 바꾸는 것은 매우 큰 에너지를 가해야만 가능한 일이다. 원자결합이 끊어지면서 분리된 원자에 새로 형성된 궤도는 나름 안정해서 그 상태를 계속 유지하는데, 이것이 원자결합의 끊어짐, 바로 파괴의 본질이다.

우리는 원자결합이 끊어진 곳 즉 물질이 파괴된 곳을 매우 쉽게 찾을 수 있는데, 그것은 바로 물질의 표면이다. 물질 내부의 원자들은 주위 모든 원자와 결합을 하고 있지만 표면에 위치한 원자들은 표면 바로 밑의 원자들과만 결합할 뿐이고 표면의 외부는 공기나 진공이다. 즉 표면원자들은 물질 내부의 원자들과 결합수도 다르고 전자의 궤도도 달라 내부와 다른 성질을 가진다.

유레카! 균열은 원자들이 각각 서로 결합되어 있던 것들이 새로 표면을 만드는 것을 의미한다. 외부에서 가해진 힘에 의해 원자 간 거리가 커진 다음, 결합이 완전히 끊어진 후 서로의 원자가 완전히 분리된 것이다.

'깨진다', '부서진다' 그리고 '으스러진다'는 말들은 모두 힘을 가했을 때, 원자 간 결합이 견디지 못하고 새로운 표면을 만든다는 의미이다. 어떤 물질이 연성 또는 취성을 가진다고 표현할 때, 힘을 가해도 새로운 표면이 잘 만들어지지 않는 것이 연성 그리고 힘을 가하면 새로운 표면이 잘 만들어지는 물질을 취성을 가진 물질이라고 한다.

세라믹, 고분자 그리고 금속을 구분할 때 연성 또는 취성을 가지는가가 기준이 되기도 한다. 단연코 힘을 가하면 유리, 도자기 같은 세라믹스는 잘 깨진다. 즉 새로운 표면을 매우 잘 만드는 물질이라 할 수 있다. 금속과 고분자는 새로운 표면을 만드는 것을 지극히 꺼려하는 물질들이다. 그 이유의 하나는 표면에너지가 높기 때문이다. 물질의 변화는 에너지 간의 경쟁이다. 금속의 예를 들어, 외부에서 힘 즉 에너지를 가했을 때, 새로운 표면을 만들어 에너지를 높이는 것보다는 변형(소성변형, plastic deformation)을 일으켜 에너지를 덜 높이는 과정을 택하는 것이다.

물리 법칙은 한 치의 예외가 없듯이 균열의 성장도 물리적 규칙에 지배받는다. 독자들은 적당한 종이를 양손으로 잡아당긴다는 상상을 해보자. 아마도 종이를 찢어본 경험이 있을 법한데, 잘 찢어지지 않는 종이를 찢어야만 할 때, 어떻게 하면 좋을지 생각해 보자.

그렇다. 종이에 미리 흠 즉 작은 균열을 만들고 잡아당기는 것이다. 물질에 이러한 흠(균열)이 있을 경우 힘을 가하면 그 흠에 힘이 집중되어 그 부분을 기점으로 파괴된다. 이것을 응력집중(Stress concentration)이라고 한다. 물질은 결함이 없어야 물질 본연의 강도를 유지할 수 있다. 그러나 내부의 균열, 기공 그리고 다른 물질이 포함되어 있을 때 외부에서 가해진 힘은 이러한 결함을 찾아서 집중된다. 약자가 먼저 공격당하는 것이 자연의 세계이듯 물질의 세계도 약한 결합이 외부의 환경에 의해 공격받는 세계이다.

앞에서 언급했듯이 리버티선은 종전의 조선방식에서 사용하던 리벳접합이 아닌 철판을 붙여 용접하는 방식을 이용했다. 그리고 대량 생산을 위해 부품의 형상을 과감하게 단순화했다. 디자인 측면에서 응력이 집중되도록 설계된 곳도 있었고, 용접 시 발생한 결함, 예를 들어 불순물이 포함되었거나, 용접속도를 적절하게 조절하지 못해 발생한 기공, 여기에다 용접된 부위와 근접한 철판에 균열까지 있었다.

이러한 것이 외부에 가해진 힘에 의해 균열발생 원인으로 작용하고 힘이 지속적으로 또는 반복적으로 가해질 때, 균열은 매우 큰 크기로 자라 거대한 배를 두 동강 낸 것이었다. 지금이야 용접공정 시 발생하는 기공, 불순물 그리고 균열은 매우 정확한 기준으로 관리되어 이러한 파손사례를 찾아보기 힘들지만, 1940년대의 많은 배들은 이러한 기준도 없이 제작되었던 것이다.

벽돌공사한 부분 이외 영역을 모르타르로 마무리했더니 벽돌귀퉁이 부분에서 균열이 발생했다. 밤과 낮이 바뀌는 동안 시멘트와 모래의 조합인 모르타르는 열팽창과 수축을 거듭하여 응력을 받게 된다. 이 때 응력이 집중되는 부위, 즉 뾰족한 벽돌과 인접한 부위에서 균열이 발생한다.

앞에서 언급한 미국조사단이 밝혀낸 사실을 독자들은 다시 기억해 보자. 응력집중을 야기하는 디자인과 재료의 문제점이 리버티선의 주요한 파괴원인임을 이제는 확실히 이해했을 것이다.

그런데 3) 연성을 가진 철이 취성파괴(Brittle fracture)가 일어났다는 사실은 도대체 무엇을 의미할까? 분명히 금속은 소성변형을 하기 때문에 유리처럼 깨지는 취성파괴가 일어나기 힘들다. 어찌 된 일일까? 게다가 응력집중이 되지 않는 부분까지 균열이 발생하여 파괴에 이르렀다.

리버티선 파괴 원인을 분석하는 과정에서 여태까지 밝혀지지 않았던 또 하나의 물질의 신비가 발견된 것이다. 바로 그것은 특정 금속이 갖는 연성-취성 천이(Ductile-Brittle Transition, DBT)의 발견이었다.

물질의 연성-취성 천이를 결정짓는 인자는 온도이다. 높은 온도에서 대부분의 물질은 연성을 가진다. 유리의 예를 들면 상온에서는 충격만 주어도 깨지는 섬세한 물질이지만, 꽤 고온에서는 작은 힘으로 잡아당겨도 엿가락처럼 늘어난다.

유리는 다른 고체물질과 꽤 다른 성질을 가지고 있는데, 일반적인 고체물질은 특정한 온도에서 갑자기 액체가 되는 경향이 있는 반면, 유리는 온도가 증가함에 따라 점차로 점도가 감소해 액체처럼 행동한다. 어쨌든 유리는 온도가 증가하면서 취성파괴로부터 연성파괴로 변화한다.

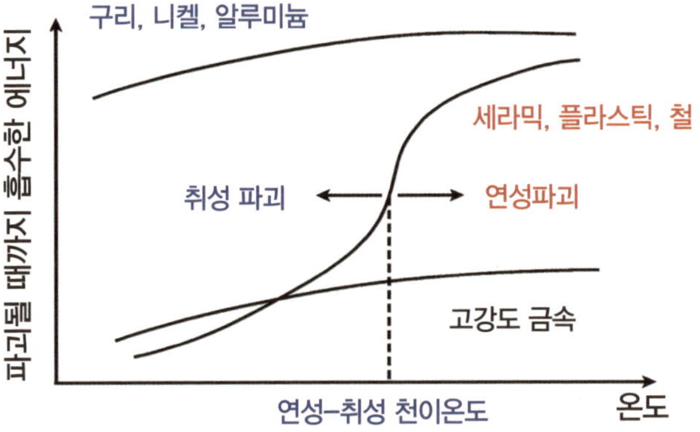

구리, 니켈, 알루미늄 그리고 고강도 금속과 같은 재료는 온도가 변하여도 파괴될 때까지 흡수하는 에너지의 차이가 크지 않다. 그런데, 세라믹, 플라스틱, 심지어 철은 금속임에도 불구하고 낮은 온도에서 적은 에너지로도 파괴된다. 즉 취성파괴가 일어난다.

상온에서 유리에 충격을 가하면 사방으로 균열을 생성하며 깨진다. 사진출처: Jef Poskanzer, 그런데, 유사한 성분을 가진 유리를 고온에서는 엿가락처럼 늘려 다양한 형태로 가공할 수 있다. 사진출처: Tony Hisgett

유리와 다른 물질 중 철과 같은 금속은 온도가 증가함에 따라 갑자기 취성에서 연성으로 바뀌는 온도가 있는데, 이것을 연성-취성 천이온도(Ductile-Brittle Transition Temperature, DBTT)라고 한다. 연성-취성 천이온도는 물질 그리고 성분마다 다르고, 금, 은, 구리 그리고 알루미늄과 같은 금속은 연성-취성 천이온도가 정의되지 않는다.

그런데 하필이면 금속 중 가성비 최강인 철에서 연성-취성 천이가 일어날까? 게다가 리버티선에 사용한 철판은 연성-취성 천이온도가 겨우 영하 몇 도 정도였다. 실제로 리버티선이 비교적 높은 수온의 태평양을 운항할 때는 파괴되는 빈도가 낮았지만 차가운 북대서양을 운항할 때는 파괴빈도가 상대적으로 높았다고 한다.

미국은 리버티선 프로젝트를 여러 가지 이유로 성공적으로 평가했는데, 비록 많은 파괴가 있었지만 멀쩡한 선박들은 작전지역에 물자를 끊임없이 공급할 수 있어서 연합군의 승리를 이끌었기 때문이다.

또한 중요한 점은 물질의 파괴가 무엇인지 이해하는 계기를 제공해 균열발생과 취성파괴를 억제하는 구조용 강철을 개발하는 발단이 되었으며, 또한 궁극적으로 파괴역학을 크게 발전시키는 원동력이 되었다.

국내에서는 2006년 건조가 중단된 모스형 LNG 운반선 초창기 모델, 사진출처: Ken Hodge

리버티선 파괴에서 교훈을 얻은 인류는 금속의 성분을 변화시켜 연성-취성 천이온도를 계속 낮출 수 있었다. 그것은 바로 매우 추운 환경에서도 금속의 연성을 유지하기 위함이었다. 예를 들자면, 우리가 연료로 사용하는 천연가스는 액화시켜 운반한다. 에너지원이 그렇듯이 지구상에 분포가 균일하지 않기 때문에 많이 매장된 곳으로부터 실제 사용하는 곳에 대규모로 운반해야 한다. 이 경우 초대형 선박을 이용하는 데, 이동의 효율을 높이기 위해선 밀도가 높은 액상상태로 변화시키는 것이 좋은 방법이다. 그런데 -162℃에서 액화하는 천연가스를 보존하려면 그 용기의 연성-취성 천이온도는 -162℃보다 낮아야 한다. 과학자와 엔지니어의 노력으로 현재, 극저온에서도 취성파괴를 일으키지 않는 소재가 개발되었고 액화천연가스를 LNG선(Liquefied Natural Gas carrier)에 실어 대양을 넘어 운반하고 있다.

6-3 세라믹의 반격

세라믹은 금속과 달리 단원자로 구성된 물질이 아닌 화합물이 거의 대부분이다. 우리가 좋아하는 보석인 사파이어와 루비는 알루미나(Al_2O_3)의 한 종류이다. 그리고 물질을 갈아내는 샌드페이퍼의 한쪽 면은 탄화실리콘(SiC)으로 만들어졌고 결정질인 수정(Quartz)과 비결정질인 유리(Glass)는 이산화규소(SiO_2)로 이루어져 있다. 공유결합 또는 이온결합을 가지고 있는 이러한 물질들은 그 결합이 너무 세어 원자배열이 조금 비틀리는 것도 용납하지 않기 때문에 큰 힘을 가하면 결합을 끊어 버리고 새로운 표면을 만들어낸다. 즉 상온에서는 거의 모든 세라믹이 취성파괴를 나타낸다. 취성이 아니라 연성파괴가 일어난다면 세라믹의 인성이 증가할 것이 자명하다.

인성에 대해 과학적으로 설명하면, 원래 원자결합이 다 끊어져 새로운 표면을 만들기까지 물질이 흡수한 에너지다. 그래서 단위 부피당 에너지로 표현하는 것이 더 알기 쉽다. 재료의 강도나 인성을 측정할 때 일반적으로 인장 시험기를 사용하는데, 인장 시험기는 재료를 강력한 힘으로 잡아당기면서 그때 걸리는 힘과 변형을 측정하는 기계이다. 공교롭게도 그때 측정한 응력곱하기 변형(연성)은 인성이 된다. 이와 같이, 질긴 정도, 즉 인성이 크기 위해선 강도뿐만 아니라 연성도 커야 한다. 항복강도만 마냥 큰 수정, 유리 그리고 알루미나에게 높은 인성을 바라기는 사실 무리이다.

그런데 세라믹은 생각보다 많은 장점이 있다. 금속에 비해 표면에너지가 낮은 편이어서 때가 적게 탄다. 상대적으로 표면에너지가 높은 금속은 다른 물질이 붙어 표면에너지를 낮추는데 비하여 세라믹은 원래 낮은 편이라 다른 물질이 대충 붙어있는 것이라 할 수 있다.

그래서 행주로 유리판을 닦으면 깨끗이 닦인다. 만약 세라믹으로 칼을 만들어 음식 재료를 썰 때, 잘린 재료가 칼에 잘 붙지 않기 때문에 재료 준비가 간편해진다. 게다가 금속은 산화가 잘되기 때문에 녹이 잘 슨다. 웬만한 금속은 산소와 결합하기를 좋아하는 데, 예를 들어 세라믹 중 하나인 유리(SiO_2)는 이미 완전한 산화물이기 때문에 산화될 리 없다. 그래서 역시 녹이 스는 걱정을 할 필요가 없다. 또한 매우 딱딱해서 표면이 긁힐 염려가 없다는 것도 큰 장점 중의 하나이다.

강철의 전유물이었던 식칼을 세라믹으로 대체했다. 날카로움이 오래 가고 가벼워 수요가 증가하고 있다. 사진 출처:위키피디어 by SlonikkinolS, Vdcm and Fornax

이러한 세라믹이 인성만 갖추면 정말 여러모로 사용될 것인데 참 아까운 노릇이다. 그런데 과학자들은 세라믹마저도 인성을 가질 수 있는 방법을 찾아냈다. 어떻게 그 딱딱한 세라믹이 질겨질 수 있을까? 인성이 증가된 세라믹에 대하여 한 가지 예를 들어 설명하겠다.

지금은 웬만한 가정에서 세라믹 칼을 보유하고 있다. 유리나 도자기를 잘 못 다루어 깨졌을 때, 그 파면이 너무 날카로워 손을 베기 일쑤인데, 그것으로 칼을 만들다니. 혹시라도 날 파편이 음식에라도 들어가면 입안이 다칠 것인데 하는 걱정이 앞선다. 그렇다. 세라믹은 금속에 비해 너무 낮은 인성을 가지기에 안전을 요하는 곳에 쓰기 힘들다. 정말 날카롭고, 녹도 슬지 않는 데다 정말 딱딱한 세라믹이 인성을 가지고 있으면 얼마나 좋을까? 정말 요긴하게 사용할 수 있을 것이다. 이러한 바람은 벌써 실현되어 세라믹 칼이 여러 회사에서 판매되고 있다. 어떻게 세라믹 칼을 만들 수 있게 되었을까?

과학자는 정의에서 착안점을 찾는다. 만약 파괴가 잘 일어나지 않게 하면 인성이 큰 것이 아닌가? 균열이 발생하지 않게 하거나 균열의 전파가 빠르지 않으면 그것도 인성이 크지 않겠는가? 바로 이것이 초인성 세라믹개발의 핵심이다.

자동차나 비행기 외장에 세라믹이 아직까지 쓰이진 못하더라도, 지금의 세라믹은 가정용 식칼을 만들 수 있을 정도의 인성을 가지게 되었다. 예전엔 꿈도 꾸지 못하던 일이었는데, 비교적 싼 가격에 살 수 있으니 말이다.

세라믹 칼의 인성을 높이기 위해서 여러 과학적 방법이 사용되었다. 우선 균열이 생기기 어렵게 만드는 것이다. 균열은 재료 내부의 원자결합이 끊어지지 않고 견디는 힘 이상의 힘이 외부부터 주어질 때 발생한다. 원자들 간의 결합은 힘을 가할 때, 원자사이의 간격이 변하고, 깨지는데 관여하는 것은 주로 원자 간 간격이 커질 때이다. 다시 말하면, 원자 간 간격이 원자결합력이 감당할 정도가 넘어서면 결합은 끊어져 버린다. 이것을 다시 붙게 하려면 어마어마한 열 또는 압력을 가해야만 한다.

물건을 사용하는 중에 이러한 일은 절대 할 수 없다. 그런데, 만약 응력이 집중된 부분이 갑자기 부피가 더 큰 물질로 변해버리면 어떤 일이 벌어질까? 예를 들자면, 두 사람이 하나의 줄을 낑낑거리며 당기고 있는데, 줄의 가운데 부분이 갑자기 길어지면 당기는 힘이 줄어드는 것과 같은 이치이다. 유레카! 그렇다. 응력이 집중되는 부분이 부피가 큰 상으로 변해버린다면 응력을 흡수할 수 있는 것이다.

이러한 방법은 이미 우리도 체험한 적이 있다. 물의 예를 들어보자! 대기압의 물을 가열해 100도가 되면 수증기가 된다. 마찬가지로 0도까지 냉각하면 얼음이 된다. 그런데 영하의 온도를 유지하면서 얼음에 압력을 가하면 밀도가 높은 물이 된다. 추운 빙판에서 스케이트를 탈 때, 스케이트 날의 단면적은 매우 작기 때문에 우리 몸의 체중으로도 스케이트 날은 어마어마한 압력을 얼음에 전달한다. 그때 스케이트 날 밑 빙판의 얼음은 물로 바뀌기 때문에 쉽게 미끄러질 수 있는 것이다.

비단 물뿐 아니라 모든 물질의 결합, 즉 각 원자의 위치가 바뀌면 물질의 특성이 바뀐다. 그 물질 형태, 원자와 분자들의 결합방법을 바꾸는 것은 온도와 같은 외부환경이다. 앞에서도 잠깐 언급했지만 물질을 바꾸는 환경은 온도뿐만이 아니라 압력도 물질을 변화시키는 정말로 중요한 변수이다.

과학자는 세라믹의 성분을 조절하여 어떤 특정응력 이상에서 부피가 큰 상으로 변태하는 세라믹을 만들어 낸 것이다. 여기서 상은 어떤 경계까지 물리적, 화학적 성질이 같은 물질을 의미한다. 상의 변태, 즉 상이 바뀌었다는 것은 성분(화학적 성질) 그리고 원자결합 또는 원자배열(물리적 성질)이 바뀌었다는 것을 말한다. 이렇게 응력이 상을 변태시키는 것을 응력 유기 상변태(Stress-induced phase transformation)라고 한다.

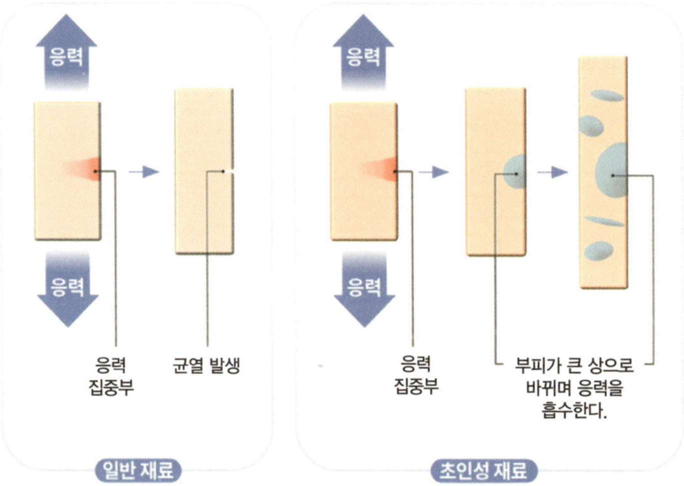

응력이 집중되는 곳은 원자간의 결합이 끊어지기 쉽다. 그런데 높은 응력상태에서 부피가 큰 상으로 변화하면 원자간 결합이 유지될 수 있어서 파괴되지 않는다. 즉 인성을 증가시킬 수 있다. 출처: 과학동아

세라믹의 인성을 증가시키는 또 다른 방법이 있다. 바로 복합재료로 만드는 것이다. 서로 다른 성질을 가진 재료의 좋은 성질만 융합한 재료를 복합재료라고 한다. 주위에서 너무 흔히 발견되는 복합재료는 잘 늘어나는 철근과 딱딱한 콘크리트를 합친 철근 콘크리트를 예로 들 수 있다. 철근이 들어있지 않은 콘크리트만 가지고선 높은 건물을 지을 수 없다. 간혹 방송매체에서 철근의 량이 기준보다 모자라 건물이 부실하게 시공되었다는 것이 보도되곤 한다. 철근 콘크리트에 철근이 모자라면 약한 힘에도

균열이 쉽게 발생하고 성장하니 참 안타까운 일이다. 모든 공사와 제조공정은 과학자와 엔지니어가 오랜 경험을 가지고 만들어낸 기준을 무조건 지켜야만 한다.

철근 콘크리트와 같이 내부에 인성이 큰 재료를 고르게 분포시켜서 인성을 향상시킨 세라믹이 개발된 바 있다. 일반적으로 균열은 주어진 응력의 수직방향으로 성장, 즉 전파한다. 그리고 같은 응력에서 균열이 커질수록 성장속도는 더 가속화된다. 즉 성장하는 균열의 끝이 인성을 가진 물질을 만나면 균열은 더 이상 성장하지 못해 복합재료 전체의 인성이 증가하는 효과를 가진다. 이 방법도 여러 딱딱한 재료의 인성을 증가시키는 대표적인 방법이라 할 수 있다.

우리가 알고 있는 세라믹 칼은 지르코니아(ZrO_2)라는 세라믹의 응력 유기 상변태(Stress-induced phase transformation)를 이용해서 만든 것이다. 재미있는 것은 고인성 지르코니아를 누가 처음에 발견했는지는 정확히 알 수가 없다는 것이다. 왜냐하면, 1960년대 중반, 파괴에 대한 과학적인 이론이 확립되었는데, 그것을 세라믹에 응용시키는 과정 중에 지르코니아의 응력 유기 상전이(변태) 특성이 발견되었기 때문이다. 로마인 이야기의 저자 시오노 나나미가 자주 사용하고 필자도 제일 좋아하는 문장, '어느 한 곳에 끊임없이 노력하면 그 결과는 다른 곳에 더

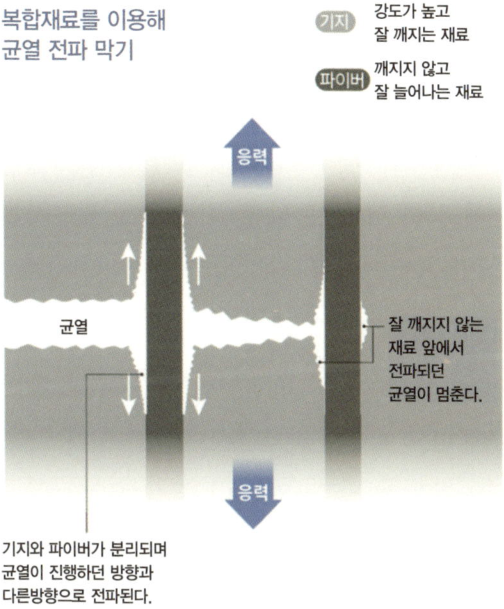

균열은 응력의 수직방향으로 전파한다. 또한 균열의 크기가 크면 전파속도는 더 빨라진다. 균열이 전파하는 도중 균열 끝이 인성을 가진 물질과 만난다면 균열은 더 이상 전파하지 못해 재료는 인성이 증가된 효과를 가진다. 출처: 과학동아변화하면 원자간 결합이 유지될 수 있어서 파괴되지 않는다. 즉 인성을 증가시킬 수 있다. 출처: 과학동아

요긴하게 쓰인다.'가 초인성 세라믹 개발에도 마찬가지로 적용된 듯하다. 많은 과학자들이 노력한 결과, 전혀 사용되지 못하던 인성이란 단어가 드디어 세라믹에도 붙게 되었다.

6-4 더 큰 인성을 가진 금속

금속은 원자결합의 특성상 이미 웬만한 인성을 가지고 있는데도 불구하고 좀 더 높은 빌딩, 더 안정한 자동차를 만들기 위한 인간의 요구는 고인성 금속을 만들어 내기 시작했다. 그 시초는 금속에서도 세라믹과 유사한 유기 상변태(Stress-induced phase transformation)가 발견되면서부터였다. 이러한 메커니즘을 도입해 만든 재료는 바로 고인성 강철이다.

TRIP 강(TRansformation Induced Plasticity steel)이라고 명명된 이 강철은 TWIP 강(TWinning Induced Plasticity steel)과 더불어 철의 인성을 한껏 향상시킨 재료이다. 이것도 철강에서 발생하는 균열을 연구하다 파생된 결과라고 말하는 사람도 있지만, 정확히 누가 먼저 발견했는지는 역시 잘 알 수가 없다. TRIP 강은 앞서 언급한 응력 유기 상변태를 이용한 강철이다. 세라믹과 금속은 원자구조와 물리적 특성이 매우 차이가 나는데도 불구하고 같은 메커니즘을 사용해서 인성을 증가시켰다는 사실을 볼 때, 세상과 물질의 세계는 정말 오묘하다.

TWIP강의 원리를 설명해 보자! 일반적인 금속은 쌍정(Twin)이라는 현상이 자주 발생한다. 쌍정은 상은 같은데, 원자배열 방향만 다른 것을 의미한다. 쌍정이 생기는 원인은 주로 응력인데, 응력이 결정립에 가해지면 원자결합은 끊어지지 않고 응력을 해소하는 방향으로 원자 배치가 바뀌는 것이다. 금속의 원자 배치를 바꾸는 방법은 제3장에 설명했던 전위의 이동에 의한 소성변형인데, 쌍정도 소성변형의 원인이 될 수 있다. 웬만한 금속, 특히 상온에서의 금속 고체는 원자 간 결합이 끊어지는 것을 별로 선호하지 않는다.

왜냐하면 원자끼리 서로가 결합하고 있는 것이 금속에선 열역학적으로 안정한 상태이기 때문이다. 그래서 세라믹에 비해 끊어진 결합을 대량으로 만들지 않고 끊어진 결합이 최소한으로 적은 전위와 결합은 끊어지지 않고 원자 배열만 바뀌는 쌍정을 생성한다. 쌍정은 원자배열이 바뀌는 과정이기 때문에 응력의 방향으로 길이가 늘어나면 응력이 해소될 수 있다.

결론적으로 응력을 해소하는 것은 응력 유기 상변태와 같이 쌍정이 발생하여 인장응력을 받는 부분이 길어지는 원리를 이용한 것이라 할 수 있다. 사실 쌍정을 고의로 생성시키는 것은 매우 어려운 일이지만, 많은 과학자들은 쌍정을 쉽게 생성시킬 수 있는 성분의 조합을 찾아냈다.

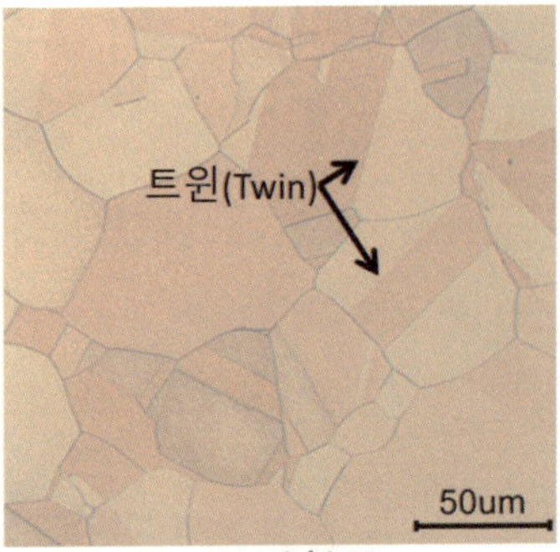

구리합금

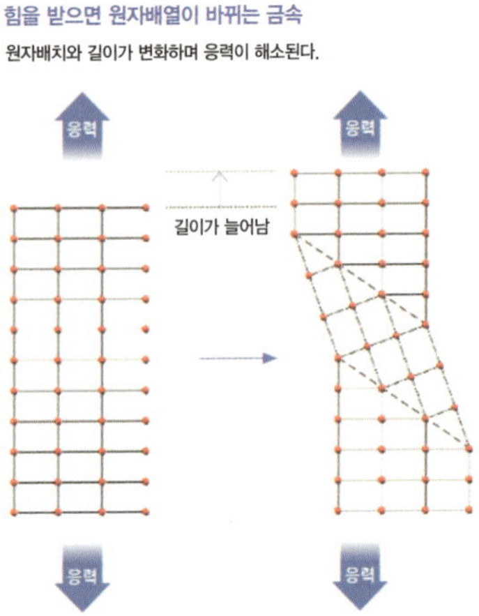

구리합금의 미세조직을 보면 결정립안에 직선, 즉 입체적으로는 평면의 쌍정(Twin)이 생성되어 있다. 쌍정은 성분은 같고 원자배열 방향이 다른 부분을 의미한다. 응력을 해소할 수 있는 원자방향을 가지고 있는 쌍정이 생성될 수 있다면 인성이 증가되는 효과를 가진다. 출처: 과학동아

금속 특히 철은 같은 성분임에도 다양한 원자결합구조를 가진다. 원자결합력 한계를 넘어선 힘을 견디기 위해 원래 원자구조가 아닌 다른 상을 만들거나 원자배열 방향을 바뀌는 현상을 발견하고 이를 이용하는 초인성 재료를 개발한 것이다.

그리고 꼭 알아두어야 할 것이 있는데, 금속을 포함한 모든 물질은 환경에 의해 그 원자구조와 배열이 결정된다는 것이다. 이때의 환경은 온도, 압력, 전기장, 자기장 등등의 조건이다. 이러한 조건하에서 금속은 제일 안정한 결합방법을 찾으려 하고 환경이 변하면 이들의 결합방법은 바뀌게 된다. 이러한 규칙과

변화를 알아내는 것이 새로운 특성을 가진 재료를 만들 수 있는 시작점이다.

N E O A L C H E M I S T

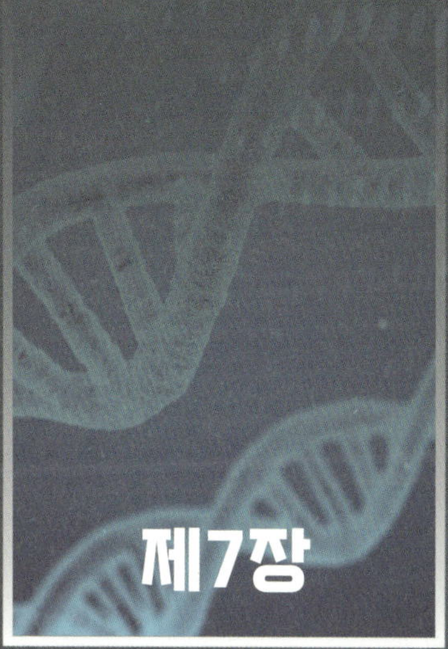

제7장

도전과 응전

제7장 도전과 응전

7-1 제일 간단한 생물

물질을 설명하는데, 갑자기 생물을 언급하니 당황한 독자들도 있을 법하다. 단언컨대, 우리 지구의 모든 생물도 물질로 이루어져 있다. 우리 인체를 구성하는 220여 종 평균 36조개의 세포 그리고 우리와 공생하는 100조개 이상의 대장균을 포함한 박테리아도 모두 원자와 원자가 결합된 분자와 그 분자들이 결합된 물질이다. 게다가 우리 몸의 70% 이상은 물(H_2O)로 구성되어 있다.

생물과 무생물을 구분하는데, 과학자들이 내세우는 조건은 다음과 같다.

1) 물질대사를 한다. 즉 외부의 영양분을 흡수하여 열을 발생

시키고, 그 에너지를 이용해 활동을 한다.

2) 자기 증식을 한다. 한 개체가 자기와 유사한 후손을 만들어 낸다.

3) 생존을 위해 환경의 변화, 즉 자극을 감지하고 반응한다.

위와 같은 조건이 만족되었을 때 생물과 무생물로 분류할 수 있다.

우리 인간을 비롯하여 동물, 식물 그리고 세균까지 위에 열거한 조건을 완벽하게 만족한다. 그런데, 독감, 간염, 후천면역결핍증후군(AIDS, Acquired Immune Deficiency Syndrome) 그리고 2020년대 발생하여 전 세계를 공포의 도가니에 몰아넣다가 이제는 4급 병원체로 몰락한 COVID-19까지 일반 생물체의 정의를 완벽히 따르지 않는 다른 생물체도 있다. 바로 바이러스이다.

바이러스가 인체를 비롯한 다른 생물체를 전염시키기 전까지는 일반적인 입자와 다를 바 없기 때문이다. 그런데 바이러스는 숙주의 세포에 침투한 후, 세포의 물질자원을 이용해 자기 증식을 한다. 자기 자식을 낳는다는 것은 생물체가 하는 행동이기 때문에 이러한 면에선 생물체로 인식된다. 바이러스의 자기 증식과정에서 숙주의 세포가 파괴되고 심한 경우에 숙주를 죽음으로 내몰기 때문에 바이러스의 발생과 이동 그리고 감염 방지와 치료에 인류가 가진 과학력을 총동원해 경계 그리고 대비하고 있는 것이다.

바이러스는 생각보다 매우 간단한 구조를 가지고 있다. 유전자인 RNA 또는 DNA를 가지고 있는 핵산, 그리고 이를 보호하기 위한 단백질로 이루어진 껍질인 캡시드를 모든 바이러스가 보유하고 있다. 그리고 진화가 더 이루어진 어떤 바이러스는 지질로 이루어진 외피(Envelop)를 가지고 있다.

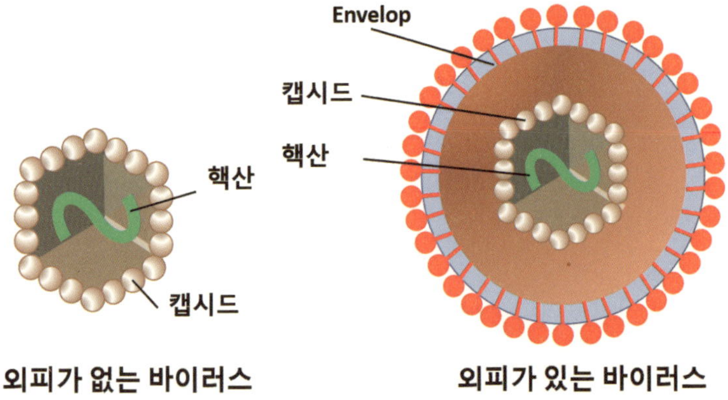

바이러스는 유전정보를 가지고 있는 핵산, 그리고 그것을 보호하는 단백질로 이루어진 껍질인 캡시드가 기본으로 구성되어 있고 지질로 구성된 외피(Envelop)를 보유한 바이러스들도 있다.

바이러스가 숙주의 세포에 침투하지 않은 경우는 앞서 언급한 입자, 비리온(Virion)이라 불리며, 이들은 뭉쳐서 결정 상태로도 존재할 수 있다. 비리온이 숙주의 세포에 도달하여 침투하면 숙주세포를 파괴하기 시작한다. 왜, 어떻게 바이러스는 다른 세포를 만나야만 생명의 본질인 자기 증식을 시작하는 것일까? 우리를 공포의 도가니에 몰아넣었던 COVID-19의 크기는 고작 80~100nm에 지나지 않는다. 이 작은 알갱이는 어떻게 우리 세포를 공격하고 상대적으로 어마어마한 크기의 인체를 파괴하고 어떨 때는 죽음에 이르게 하는 것일까?

이렇게 공포스러운 과정마저도 물질의 결합과 화학반응에 관계가 있다. 원리를 알아야 해결책을 알 수 있는 법이니 바이러스가 어떻게 세포에 침투하는지 그것을 파헤쳐 보자.

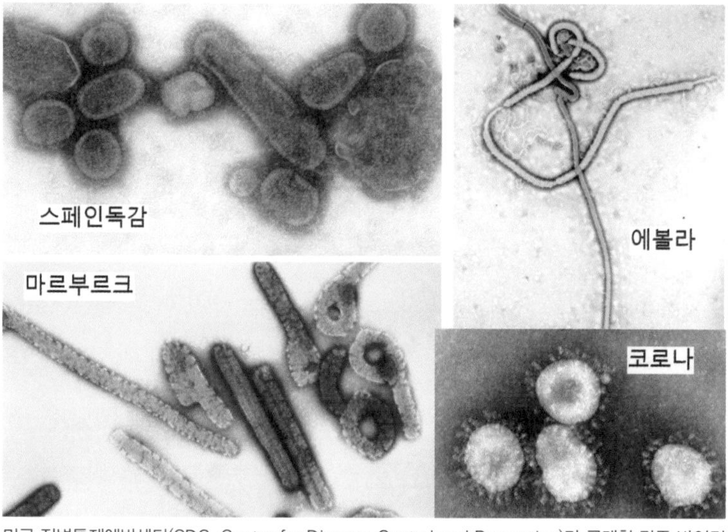

미국 질병통제예방센터(CDC, Center for Disease Control and Prevention)가 공개한 각종 바이러스 사진, By CDC/ Dr. Frederick A. Murphy, Dr. Erskine Palmer, Russell Regnery, Ph.D.

7-2 바이러스가 사는 곳, 세포

사람을 포함한 생명체가 사는 곳, 그리고 그곳에서 어떻게 삶을 유지하는지 생각해 보자. 삶을 유지하는 데 무엇보다도 먹는 것이 중요하다. 즉 에너지원을 흡수해서 우리가 활동하는데 필요한 열량을 공급하는 것이다. 그리고 우리 몸을 구성하는 새로운 세포를 만들기 위해서는 새로운 물질이 공급되어야 한다. 우리가 먹는 단백질과 칼슘은 근육과 뼈를 만드는 원료가 되고 다른 영양분도 열에너지원이거나 새로운 세포를 만드는 자원이 된다. 즉 생명체가 사는 곳은 필수적으로 필요한 원료를 공급받을 수 있는 곳이다.

바이러스가 사는 곳은 숙주의 세포라고 할 수 있다. 바이러스 입장에서 보면 세포는 모든 것을 갖추고 있다. 자기 몸을 새로 복제할 수 있는 물질이 세포 내에 완벽히 구비되어 있다. 꽤 진화되어 지질로 된 외피를 보유한 바이러스도 그 외피를 새로 만들 수 있는 원료인 지질이 세포 내에 가득 차있다. 고작 100nm 급의 몸체를 만들 수 있는 원료들이 세포내에 넘치게 있으니 바이러스는 세포가 꼭 필요하다. 유전정보인 핵산으로 RNA를 가지고 있든 DNA를 가지고 있든 상관없이, 바이러스의 핵산은 원래 숙주가 세포 분열을 위해 가지고 있던 물질을 자기가 대신 사용해 자기를 복제하는 데 필요한 물질을 만든다. 숙주 세포가 가지고 있는 핵산은 바이러스가 내뿜는 유전정보에 맥을 못 추고 원래 세포가 분열하기 위해 비축된 물질 또는 세포로써 살아가기 위해 필요한 물질을 다 바이러스를 증식하기 위한 원료로 제공하고 만다.

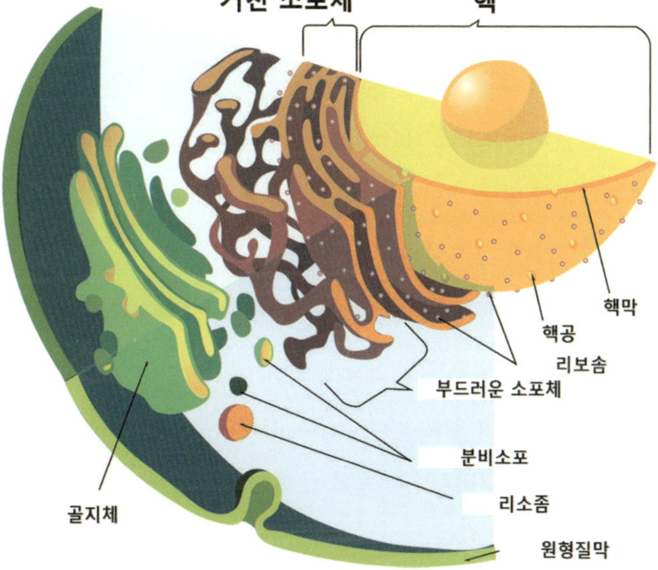

동물세포의 얼개. 핵이 존재하는 세포이며, 평균직경은 10μm. 핵이 확실하게 존재하지 않는 박테리아에 비해 직경이 10배정도 크다. 박테리아와 다른 점은 리보솜, 미토콘드리아, 소포체 그리고 골지체가 존재한다. 그림에는 미토콘드리아가 빠져 있다.

웬만한 세포들은 스스로 영양소를 받아들여 에너지를 발생시키는 물질대사를 수행할 수 있다. 흡수된 영양소는 세포의 구성물을 이루는 여러 분자결합을 가진 물질로 전환되고, 이때 필요없는 노폐물은 세포 밖으로 내버린다. 이러한 물질대사를 수행하는 것을 보면 우리 몸을 구성하는 220종류, 약 36조개의 세포 하나하나가 독립적인 생명체처럼 활동하는 것을 알 수 있다. 그리고 각각의 세포가 외부 또는 내부의 자극에 대해 신호전달 체계를 가지는데, 이때의 자극은 온도, pH(산성도), 영양소 그리고 세포 외부로 접근하는 물질과 결합할 때 배출되는 이온 등이다.

세포도 물질대사를 하기 위해선 외부로부터 물질을 가져와야 한다. 그리고 생산된 물질을 세포 밖으로 내보내야 한다. 동시에 동물이 배변하는 것과 같이 물질을 만들다 남은 노폐물은 세포 밖으로 배출해야만 한다.

여러 물질이 세포 내로 유입되는 과정은 식균 작용(食菌作用, phagocytosis), 음세포작용(飮細胞作用, pinocytosis) 그리고 수용체 매개 세포내 이입(Receptor mediated endocytosis, RME)이 있다. 이와 반대로 세포 내부에서 노폐물 또는 비교적 크기가 큰 분자를 배설하는 과정을 세포외 유출(Exocytosis)이라고 한다.

식균 작용은 백혈구나 대식세포와 같이 세균이나 이물질을 세포 내로 끌어들여 소화 또는 분해하기 위한 포식소체(Phago

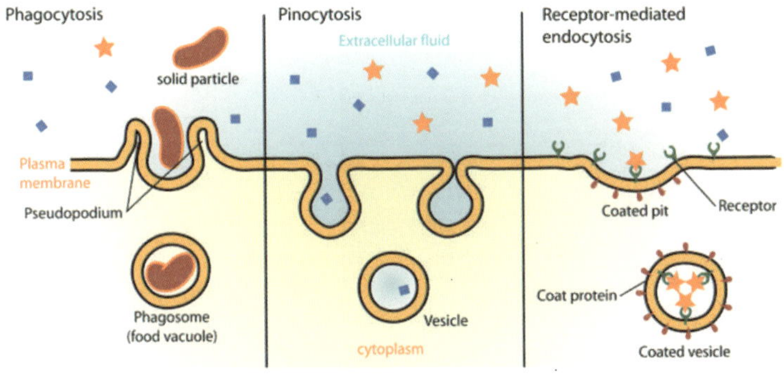

세포내 물질 유입과정, 식세포 작용, 음세포 작용, 수용체 매개 세포내 이입, 식세포 그리고 음세포 작용은 흡수한 물질이 쉽게 분자레벨로 분해 또는 소화된다. 그런데, 수용체 매개 세포내 이입은 강력한 분해과정이 없다. 이 과정을 통해 바이러스는 세포내부로 침투할 수 있다.

some)가 만들어지는 과정이다. 백혈구와 대식세포가 형성한 포식소체 안의 이물질과 세균들은 소화되거나 분해되는 운명을 맞이한다. 그리고 음세포작용은 세포 외에 존재하는 용액내부의 물질을 흡수하는 역할을 의미한다. 이것 역시 물질을 둘러싼 소낭(또는 소포, vesicle)을 형성한다. 흡수된 물질은 역시 분해될 운명을 가진다. 인간은 이 과정에서 지방을 흡수하기도 한다. 이 과정 역시 세포 내 이입된 물질은 분자레벨로 분해되는 과정을 거치게 된다. 그런데 이 두 가지와 다른 세포 내 물질 유입 과정이 큰 문제를 발생시키기도 한다.

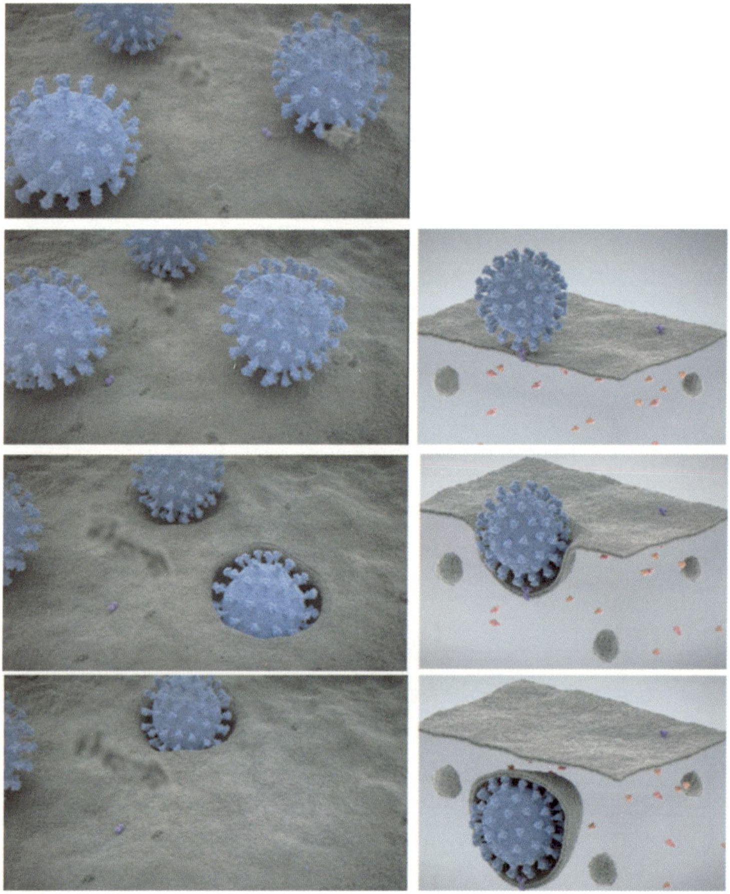

수용체 매개 물질 유입을 이용한 코로나 바이러스의 세포내 침투, 세포표면의 보라색 돌기가 물질 유입을 위한 수용체이다. 바이러스의 표면 스파이크와 상피세포의 ACE2 수용체가 정확히 결합하면 세포는 필요한 물질로 인식해 의심없이 바이러스를 세포내로 끌어들인다. 그림출처: Alexey Solodovnikov(Idea, Producer, CG, Editor), Valeria Arkhipova(Scientific Consultant), https://www.ncbi.nlm.nih.gov/pmc/articles/PMC7 489918 , PMC7098027 and PMC7605623

수용체 매개 세포 내 이입(Receptor mediated endocytosis, RME)은 다른 세포의 대사물, 호르몬 그리고 단백질을 세포내로 흡수하는 과정이다. 물질을 흡수하는 과정에서 소낭(Vesicle)을 형성하긴 하지만 세포내에서 용이하게 소낭이 용해된다. 일반적으로 세포가 필요한 물질, 호르몬 그리고 단백질을 정확히 구별하여 결합하는 수용체(Receptor)가 세포 표면에 붙어있다.

현재까지 수백 종이 넘는 수용체가 보고되었고, 이러한 수용체는 세포마다 다르기도 하고, 균일하게 분포되어 있지 않다고 알려져 있다. 세포 표면에 있는 수용체는 당 단백질(糖蛋白質, glycoprotein) 또는 지질 단백질(脂質蛋白質, lipoprotein)로 구성되어 있다. 이들은 세포 외의 분자와 결합을 이루면 세포 내로 물질을 들여보내라는 신호를 보내고 세포는 표면을 변형시켜 세포 내부로 그 물질을 끌어들인다.

그렇다! 바이러스는 세포가 필요한 물질을 흡수하는 정교한 메커니즘, 즉 수용체를 이용해 세포가 필요한 물질을 세포 안으로 끌어당기는 방법을 도용하여 세포 내로 유입된다. 외피(Envelope, 지질로 구성됨)에 스파이크를 보유하고 있는 코로나 바이러스를 예를 들어 감염과 바이러스의 증식을 살펴보자!

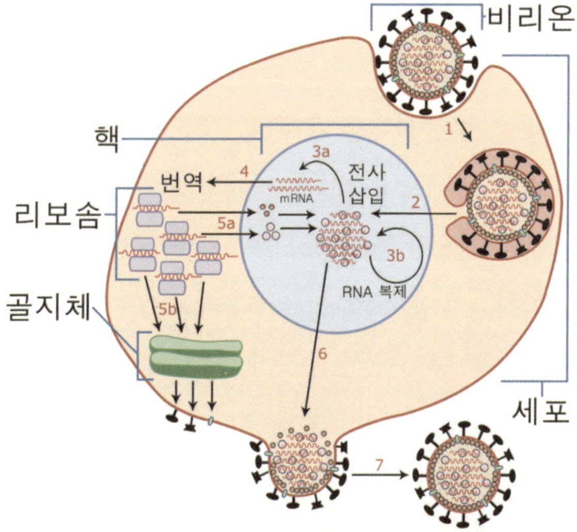

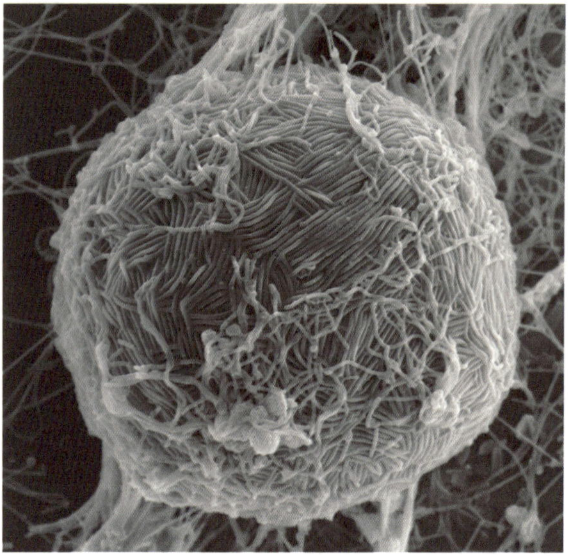

독감 바이러스의 세포 침입과 증식과정(그림출처: By Aisia, wikipedia, GFDL, 에볼라 바이러스에 감염되어 에볼라 바이러스가 재생산되었다. 원래 숙주세포를 알아볼 수 없을 정도로 증식된 바이러스로 덮혀있다. Takeshi Noda et. al., PloS PATHOGENS, DOI: 10.1371/journal.ppat.0020099.g001

우리가 너무나 잘 알고 있는 Covid-19 또는 독감(인플루엔자) 바이러스가 우리 몸의 세포에 어떻게 침입하고 자신을 복제하는지 그림에서 나타낸 그 과정을 구체적으로 살펴보자!

1) 바이러스(비리온) 표면 스파이크 끝의 분자가 세포의 수용체와 결합하면, 비록 필요한 단백질 분자나 호르몬이 아님에도 불구하고 마치 필요한 물질인 양, 세포 수용체에 의한 심사를 거짓으로 통과한다. 수용체는 세포에게 신호를 보내 바이러스를 세포내로 유입시킨다.

2) 세포 내에 유입된 바이러스를 둘러싼 소포체(Coated vesicle)가 터진다. 이때가 세포로써는 제일 안타까운 순간이라고 할 수 있다.

3) 이 때 바이러스의 핵산을 둘러싼 캡시드가 깨져 유전정보를 가지고 있는 RNA가 방출된다.

3-a부터 5-b) 방출된 일부 RNA는 소포체에 붙어있는 리보솜에게 붙잡히고 바이러스의 스파이크를 이루는 단백질을 대량으로 생산하게 된다. 이로 인해 세포막은 스파이크가 대량으로 꽂힌 형태가 된다.

3-b부터 6) 이와 달리, 방출된 다른 RNA는 세포 내를 떠다니는 리보솜들을 만나게 된다. 이 리보솜들은 원래 세포를

구성하는 단백질을 만들어야 할 터인데, 바이러스의 RNA가 제공하는 정보에 따라 바이러스 구성품인 캡시드를 만들 단백질을 대량 생산한다. 이때, 바이러스의 RNA도 같이 복제되는데, 캡시드가 완성될 때, 복제된 RNA는 캡시드에 들어가게 되어 새로운 바이러스의 중추가 만들어진다. 바이러스가 침투하지 않았더라면 세포 내 물질을 생산하기 위한 단백질들을 만들어야 할 리보솜들이 바이러스가 내뿜은 유전정보 RNA에 의해 바이러스를 위한 원료를 만드는 도구로 전락해 버린다. 세포 입장에서 보면 애석하지만, RNA는 특정 단백질을 구성하는 아미노산을 만들 수 있는 정보를 가진 설계도이기 때문에 RNA를 만난 리보솜은 RNA가 지시한(RNA에 써진 정보)대로 단백질을 만들 수밖에 없다.

7) 마지막으로 RNA를 수납하고 있는 캡시드가 세포막 부근으로 이동하면, 즉 소포체에 붙어있던 리보솜이 만들어낸 다량의 스파이크가 꽂힌 세포막에 도착하면, 이 세포막은 캡시드를 둘러싸고 바이러스의 외피(Envelop)가 되고 보기 좋게 세포를 탈출한다. 이과정은 효모의 번식과 같이 '출아(出芽)'라고 표현되기도 한다.

한 두 개의 코로나 바이러스가 세포 내에 침입해도 세포가 가지고 있는 물질과 에너지를 이용하여 대량의 RNA, 캡시드 그리고 스파이크가 생산된다. 이러한 과정의 결과로써 원래의 세포는 죽고 만다. 즉 박테리아와 달리, 바이러스는 몇 개만 인체에 침투해도 감염을 야기할 수 있기 때문에 철저한 예방이 매우 중요하다.

일반적인 박테리아의 경우도 증식을 위한 분열 과정을 거치는데, 즉 한 마리가 두 마리, 두 마리가 네 마리 그리고 8, 16, 32 마리가 되는 분열법이라고 할 수 있다. 그런데 바이러스는 하나의 세포에 침투하면 수 천개 이상의 복제 바이러스를 배출한다. 보통의 박테리아나 세포에서는 생각할 수 없을 정도로 엄청난 양의 복제바이러스가 탄생한다. 이렇게 어마어마한 자기 복제는 순식간에 세포의 자원을 소모하고 세포는 결국 죽음을 맞이한다.

하지만, 수억 년에 걸쳐 이루어진 생물의 진화가 세포를 마냥 죽게 내버려 두지는 않는다. 인간을 포함한 모든 생물은 박테리아와 바이러스의 침입에 많은 대처방안을 가지고 있기는 하다. 인체의 방어시스템은 예상 외로 견고한 편인데, 우선 우리의 피부는 안정한 다른 물질의 침입을 효율적으로 막을 수 있다. 그런데, 기관지와 같이 외부의 물질을 흡수하는 기능을 가진 부분은 상대적으로 약할 수 있다. 이러한 이유로 많은 것을 접촉해야만

하는 손은 깨끗이 씻어야 하고, 웬만하면, 눈이나 입에 손을 갖다 대는 습관은 고치는 것이 좋다.

이러한 방어를 무색하게, 공중으로 전파되는 박테리아 또는 바이러스가 있다. 수십 나노미터 크기의 바이러스는 가볍기도 해서 생각보다 먼 거리를 이동할 수 있기 때문에 부주의한 행동은 바이러스와 작은 박테리아를 기관지로 침투할 수 있게 한다. 어쨌든 우리 몸의 방어시스템은 박테리아 그리고 바이러스를 이물질로 간주한다. 우리 몸에 침투한 이물질을 제거하는 시스템을 1차 면역 또는 비특이적 면역이라고 한다.

우리 몸을 보호하는 비특이적 면역의 대표주역들을 간단하게 살펴보자. 아무래도 우리 몸을 보호하는 최고의 돌격대장은 백혈구 중의 하나인 호중구(Neutrophil, 好中球)라 할 수 있다. 인간 전체 백혈구의 40~70%를 차지하는 호중구는 동물마다 다르지만 선천적 면역 체계의 매우 중요한 역할을 한다. 이들은 골수의 줄기 세포에서 형성되며 수명은 5시간에서 135시간으로 짧은 편이다. 하지만 다른 면역체계 구성원보다 뛰어난 이동성을 가지고 있다. 왜냐하면 단백질 가수분해 효소를 뿌려 세포와 세포사이의 결합을 끊어 세포 사이를 비집고 움직일 수 있다. 따라서 주로 배회하던 혈관으로부터 탈출하여 이물질이 있는 부분으로 쉽고 빨리 이동할 수 있다. 그래서 박테리아가 감염된 부위,

세포가 찢어진 부위 또는 일부 암으로 손상된 부분으로 도착하는 최초의 면역체 중 하나이다. 호중구는 그 빠른 이동성 때문에 상처 부위로 모여들어 급성 염증을 나타낸다. 우리가 알고 있는 고름은 호중구가 면역작용을 마친 시체들의 모임이어서 약간 희고 누르스름한 형태를 지니고 있다.

그런데 일부 병원체는 호중구에 의해 소화되지 않기 때문에 다른 형태의 면역 세포의 도움을 받아야만 특정 감염을 해결할 수 있다. 호중구는 상처받은 세포들이 방출하는 인터류킨 8, C5a, fMLP, 류코트라이엔 B4 그리고 H_2O_2와 같은 화학물질을 감지하고 이들의 농도가 많은 쪽으로 이동한다. 호중구가 상처를 발견하고 이동하는 이유는 화학물질을 감지할 수 있는 능력이 있기 때문이다.

식물의 경우, 자극에 의해 일정한 방향으로 성장하는 것을 굴성이라고 한다. 대표적으로 식물의 뿌리는 빛의 방향에 반대로 성장하려 하는 음 굴광성, 잎은 빛의 방향으로 성장하는 양 굴광성을 가진다. 특정한 동물들의 경우 자극에 대해 이동하는 것은 주성이라고 하는데, 곤충들은 빛을 좋아해 빛 쪽으로 달려드는 양 주광성 그리고 지렁이같이 빛이 없는 방향으로 이동하는 음 주광성을 가진 동물도 있다.

이와 유사하게 백혈구인 호중구는 상처 난 세포들이 방출하는 화학물질을 향해 이동하기 때문에 양주화성을 가진다고 할 수 있다. 스스로 움직이는 면역세포도 신비하지만 상처와 손상된 부위에서 화학물질을 방출하고 호중구를 불러들이는 장치를 가진 우리 인체의 세포들도 정말 신비하다.

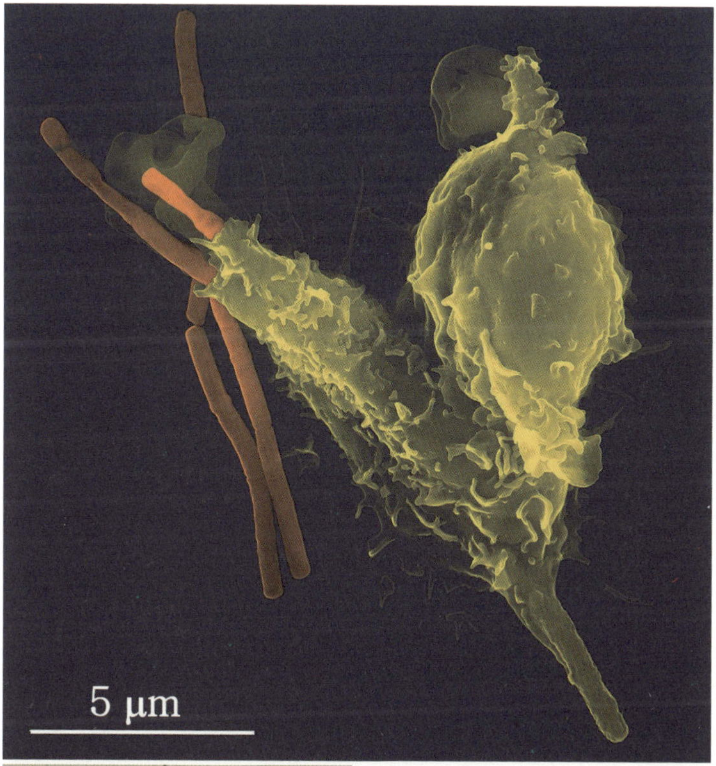

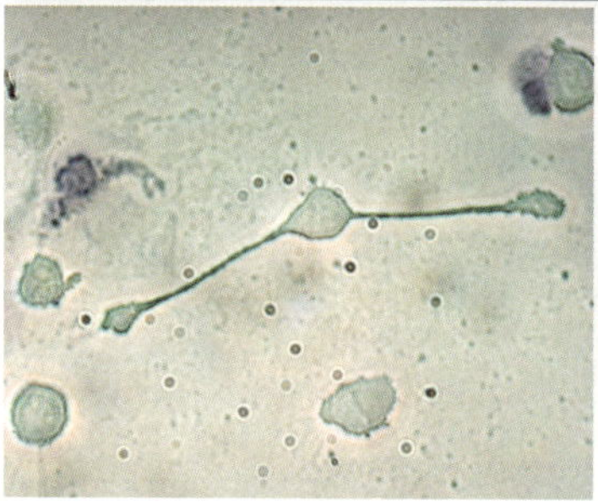

위: 백혈구(호중구)가 탄저균을 잡아먹는 모습, 사진출처: Volker Brinkmann, Neutrophil engulfing Bacillusanthracis, PLoS Pathogens 1(3): Cover page, 아래 왼쪽: 팔을 뻗어 마우스에서 병원균일 수 있는 두 개의 입자를 삼키는 대식세포, 사진출처: 위키피디어, Obli, 아래 오른쪽: 기증자로 부터 얻은 자연살해(NK, Natural Killer) 세포 사진출처: NIAID

선천면역을 담당하는 중요한 세포 중 하나는 대식세포(大食細胞, 영어: Macrophage; Mφ, MΦ 또는 MP) 또는 탐식세포(貪食細胞)라고 불리는 세포이다. 대식세포는 이상세포 조직이나 이물질, 미생물, 암세포 등 건강한 몸에 존재하는 단백질이 아닌 물질을 흡수하고 소화시키는 백혈구의 한 종류이다. 대부분의 대식세포는 몸 전체에 분포하며, 이들은 항원이 침입하면 먹어치우거나 독소를 분비하여 파괴한다. 아메바처럼 운동하며 잠재적 병원체를 찾기 위해 순찰한다.

대식세포는 식세포작용 외에도 나중에 언급할 특이적 방어(후천성 면역, 특이 면역)에도 중요한 역할을 한다. 항원을 제거하는 도중, 림프구와 같은 다른 면역 세포를 모여들게 하고, 림프구에 항원을 전달하여 특정 방어 메커니즘(특이 면역)을 시작하는 데에도 도움을 준다.

예를 들어 이들은 T세포에 대한 항원 제시자의 역할도 담당한다. 따라서 기능 장애가 있는 대식세포를 가진 사람은 빈번한 감염을 초래하는 만성 육아종성 질환과 같은 심각한 질병이 유발되기도 한다.

1차 면역체계의 또 다른 주역은 자연살해(Natural Killer, NK) 세포 또는 대형 과립형 림프구(Large Granular Lymphocytes, LGL)로도 알려진 세포 독성 림프구이며, 인간의 모든 순환 림프구 중 5~20%를 차지한다. NK 세포는 바이러스 감염 세포 및 세포 내 병원체에 대해 신속한 반응을 나타내며 종양이 형성되었을 경우에도 반응한다. 이들은 스트레스를 받은 세포를 인식하고 죽이는 능력이 매우 탁월하다. 뒤에 설명할 2차 면역체계의 면역세포들은 특정한 자기 표지가 결여된 세포만을 공격하는 특성이 있는데, 자연 살해세포는 방출된 스트레스 분자를 감지하거나 비정상적인 화학적 물질로 구성된 수용체를 인식할 경우, 감염된 세포의 자살을 유도하거나, 세포에 물과 염분을 주입하여 세포 내 산성도를 변화시키거나 물질균형을 깨트려 세포괴사(네크로시스, necrosis)를 일으킨다.

이와 같이 NK세포의 역할은 비정상적인 세포를 파괴하여 몸의 건강을 지키는 것이라 할 수 있다. NK세포가 비정상적인 세포를 발견했을 경우, 사이토카인(혈액 속에 함유되어 있는 비교적 작은 크기의 면역 단백질 중 하나, 세포끼리 신호(Cell signalling)를 교환하는데, 중요한 역할을 함)을 분비해 다른 면역세포들을 끌어 모아 공격을 유도하기도 한다.

그리고 지렁이도 밟으면 꿈틀 한다는 속담과 같이 세포 자체도 박테리아나 바이러스의 공격에 마냥 당하지만은 않는다. 병원체에 감염된 세포는 인터페론(Interferon, IFN)이란 단백질을 세포 밖으로 분비한다. 인터페론은 아직 감염되지 않은 주변의 세포에 도달하게 되고, 인터페론을 감지한 세포의 RNA분해효소가 활성화된다. 따라서 바이러스가 RNA분해효소로 활성화된 세포 안에 침입할 경우, 바이러스가 방출한 RNA를 분해해 버린다. 유전정보인 RNA가 분해되기 때문에 캡시드 또는 스파이크에 필요한 단백질을 만들어 내지 못하므로 바이러스는 증식하기 힘들게 된다. 또 인터페론은 NK세포의 활성을 높이는 효과도 가지고 있다.

그 외 1차 면역에서 활동하는 면역세포는 호산구와 호염기구가 있다. 호산구는 척추동물의 다세포 기생충 또는 특정 감염과 싸우는 역할을 담당하는 면역체계 구성 요소 중 하나이다. 이들은 체내 백혈구의 약 2~3%를 구성한다. 호염기구는 전체 백혈구의 1% 미만이고 주로 알레르기 반응에 작용한다. 이 두 세포는 비만세포와 함께 알레르기 반응을 활성화시키는 데 투톱인 세포들이다. 호염기구는 호중구나 호산구와 달리 포식작용을 하지 않고 혈액응고를 억제시키는 헤파린을 가지고 있다. 면역반응에 관여하다가 파손당한 경우, 히스타민을 분비하여 염증반응을 강화시키기도 한다.

7-3 항원과 항체

우리 인체의 1차 면역체계는 매우 견고하지만 이를 뚫고만 바이러스는 세포에 침입해 자기 자손을 퍼뜨린다. 비록 1차 방어망이 뚫렸지만 인체는 바이러스 퇴치를 위한 2차 방어망을 가지고 있다. 1단계의 방어망이 인체에 침입한 바이러스와 힘겨운 싸움을 진행하는 동안 'B 세포'라고 불리는 림프구는 바이러스에 달라붙는 항체를 만들어 낸다. 항체는 면역 글로블린이라고 불리는 단백질로 이루어져 있으며, 전체적인 모양은 'Y'자 형태로 생겼다.

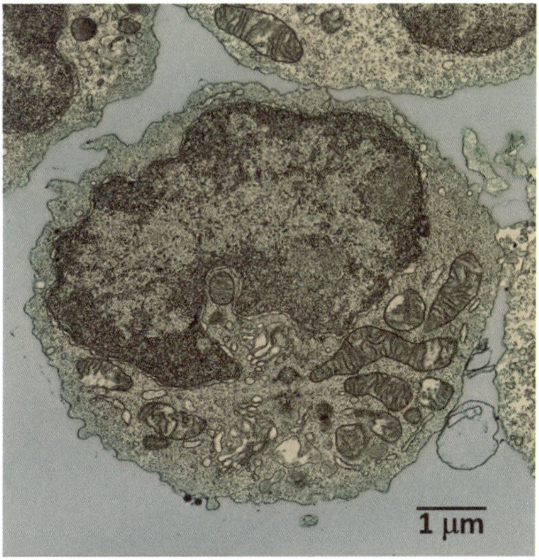

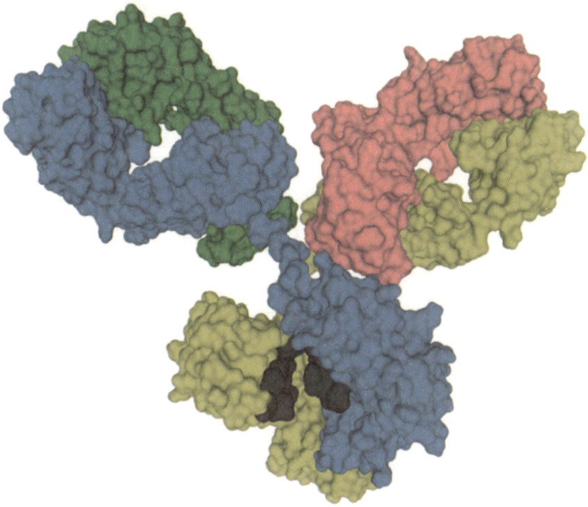

위: 투과전자 현미경으로 촬영한 B 세포, 사진출처: 위키피디어, NIAID, 아래: 서브 클래스 IgG1의 항체 구조. 2개의 작은 체인(녹색 및 분홍색)과 2개의 큰 체인(파란색 및 노란색)을 나타냈다. 큰 체인 사이의 글리칸은 진한 회색으로 나타냈다. Y자 형태의 끝 부분은 바이러스 표면에 달라붙고, 정확하게는 세포의 수용체와 결합하는 바이러스의 스파이크에 항체가 달라붙어서, 세포내부에 침입이 저지된다. Y자 형태의 항체를 제조하는 단백질의 조합은 무려 1조개에 달한다.

항체가 'Y'자 형태를 구성하기 위해서는 여러 종 그리고 여러 가지의 단백질을 이용한다. 단백질이란 것은 아미노산들의 결합이기 때문에 같은 종류의 아미노산이 이용되더라도 결합의 위치에 따라 다른 단백질이 된다. 이러한 이유로 우리 인간이 만들 수 있는 항체의 조합은 무려 1조개에 육박한다.

침입한 바이러스를 학습한 우리 몸은 B 세포로 하여금, 세포 표면의 수용체와 결합하려는 바이러스의 스파이크에 짝 달라붙어 버리는 항체를 다량으로 만들고 내뿜게 한다. 바이러스 표면에 있는 스파이크는 세포 이입을 위한 단백질을 가지고 있는데, 이 스파이크에 B 세포가 내뿜은 항체가 덕지덕지 달라붙어 결국은 세포 표면의 수용체와 결합하지 못하기 때문에 세포막 안으로 들어가지 못하게 된다. 항체가 덕지덕지 달라붙은 바이러스는 세포 밖을 떠돌다가 1차 방어막의 주역들에게 처치되는 신세가 된다. 비록 바이러스가 침입한 세포들은 손상되었지만 아직 세포 안으로 들어가지 못한 바이러스가 이제는 세포 내 침입이 차단된 것이다.

그런데, 침입한 바이러스를 학습하고 그에 맞는 항체를 만들기 위해서는 시간과 몇 단계의 과정을 필수적으로 거쳐야만 한다. 우선 바이러스의 정보를 학습하는데 제일 공헌하는 세포는 수상 또는 수지상세포(Dendritic cell)이다. 수지상세포는 피부,

비강, 폐, 위, 장 등 외부 환경과 접촉이 있는 조직들에 존재하고, 혈액내부에서 미성숙한 상태로 발견될 수 있다. 한번 활성화되면 림프절로 이동하여 T세포와 상호작용하여 후천성 면역반응을 개시하고 조절한다.

이 세포는 바이러스나 박테리아의 패턴을 인식하는 수용체를 가지고 있으며, 병원체가 가지는 특징적인 화학패턴, 예를 들어 세포의 수용체와 결합하는 부분의 화학적 구조를 인식한다. 이 과정이 완료(활성화)된 경우 림프절로 이동하고 헬퍼 T세포에게 화학적 구조 정보를 전달한다. 이때 헬퍼 T세포는 수상세포와 함께 킬러 T세포를 활성화시킨다. 활성화된 킬러 T세포는 감염된 세포를 파괴한다.

헬퍼 T세포는 다른 임무도 가지고 있는데, 수상세포로부터 받은 화학적 정보를 B세포에게 전달한다. 헬퍼 T세포로부터 정보를 받은 B세포는 플라스마(형질) 세포로 변화하게 되고 플라스마 세포는 다량의 항체를 제조하고 내뿜는다. 우리가 알고 있는 후천면역결핍증후군(AIDS)은 애석하게도 수상 세포(Dendritic cell)를 주로 공격한다.

지금이야 치료제가 개발되어 불치의 병이 아닌 난치병이 되었지만 이 바이러스는 주로 수상세포를 이용하여 증식하기 때문에 AIDS 바이러스의 화학적 구조를 인식하고 전달하는 과정이

상실되어 웬만한 병원체에도 면역체계가 작용하지 않아 환자를 죽음으로 이르게 했다.

1차 면역체계는 거의 모든 병원체를 공격하는 메커니즘이라면 2차 면역체계는 특정 바이러스만 공격할 수 있는 있는 면역체계라 할 수 있다. 바이러스 입장에서는 자기만 공격하니 매우 공포스러운 방어체계라 할 수 있다. 그러나 2차 면역체계, 즉 특이면역은 앞서 언급한 바와 같이 시간이 걸리는 단점이 있는데, 바이러스의 증식이 너무 빨라 신체를 구성하는 세포가 너무 많이 손상될 경우 개체를 죽음으로 내몰 수도 있다. 예를 들어, 에볼라 바이러스는 세포를 손상시키는 정도가 너무 빨라 거의 50% 정도의 사망률을 가진다고 보고된 바도 있다.

예전엔 1차 면역체계와 2차 면역체계가 전혀 상관이 없는 별개의 메커니즘으로 인식되었지만 현재는 1차 면역이 나중에 이루어지는 2차 면역에 중요한 역할을 하는 것으로 알려졌다. 1차 면역력이 큰 건강한 몸을 유지하는 것이 바이러스의 침입에 대비하는 가장 좋은 방법이라고 할 수 있다.

우리의 몸은 외부로부터 침입하는 박테리아나 병원체의 위협에 언제나 노출되어 있다. 그것들은 눈, 코, 소화기관등의 점막 그리고 상처가 난 피부를 통해 우리 몸에 침투하려 든다. 따라서 피부와 점막이 1차 방어선인 비특이 면역의 주된 전쟁터라고 할 수 있다. 이러한 면역은 생물체가 원래부터 가지고 있는 면역 시스템이기 때문에 '자연 면역'이라고 불린다. 우리 몸과 주변을 청결히 유지하는 것이 병원체 감염을 막는 최초의 방법이란 것을 명심해야 한다.

병원체 침입을 억제하기 위한 2차 방어선, 즉 특이면역은 몸속에 들어온 병원체를 판단하고 이를 조준 사격하는 시스템이라고 할 수 있다. 병원체를 경험하고 병원체만을 특별히 공격하기 때문에 '획득면역'이라고도 불린다. 우리 몸은 이전에 공격받은 병원체를 기억하기 때문에 같은 바이러스에 재차 감염되는 것은 불가능하다. 이러한 원리를 이용하여 인류는 무차별적인 바이러스 공격을 예방할 수 있는 대책을 만들게 된다.

여담이지만, 특이면역 즉 획득면역은 진화의 과정에서 척추동물만이 가지고 있는 고도의 면역계라고 할 수 있다. 하등 생물에 비해 수명이 길어져 이러한 면역체계가 생긴 것인지, 아니면 이러한 면역체계가 생겨서 수명이 길어진 것인지는 잘 모르겠지만 진화의 결과는 정말로 신비하다.

7-4 반항하는 분자

유전정보, 유전정보를 보호하는 단백질 껍질 그리고 간혹 존재하는 지질로 이루어진 외피를 가진, 정말로 작은 바이러스는 숙주의 세포에 들어가 세포 내 물질자원을 활용해 증식한다. 그런데, 세포 내부에서 유전자인 RNA를 복제하는 과정에서 종종 특정 분자가 원래의 위치와 다른 위치에 달라붙거나 또는 덧붙여지거나 빠지기도 한다. 이러한 현상을 변이라고 하고, 이러한 유전자를 가지고 무사히 살아남은 바이러스를 돌연변이된 바이러스라고 한다.

여기서 물질의 결합으로도 설명이 가능한데, DNA를 유전자로 이용하는 바이러스와 다른 생물들은 이렇게 유전자가 복제될 때, RNA를 유전자로 가지는 바이러스 보다 변이 될 확률이 매우 작은 편이다. DNA는 클릭과 왓슨이 발견한 이중 나선 구조를 가지고 있다. 즉 유전정보를 가진 분자 결합 실(사슬)들이 서로 안정한 수소 결합(반데르발스 힘)을 이용해 결합한다.

즉 같은 유전 정보를 가진 2개의 실 형태의 분자구조, 게다가 이 두 개가 서로 강하게 결합되어 있으니 웬만하면 분리하기 힘들기 때문에 잘 보존된다. 실제로 DNA 이중나선이 서로 결합했을 때, 그것을 떼기 위해선 100도 정도의 열을 가해야만 할 정도로 매우 강한 결합을 가지고 있다. 그러나 세상은 확률이 지배한다. 이렇게 강한 결합을 가지고 있는 DNA도 훼손, 복사오류 그리고 여러 가지 요인으로 인해 엉뚱한 세포를 만드는 설계도가 되기도 한다. 엉뚱한 세포가 살아남게 되면 그것은 본연의 목적을 상실한 세포, 가끔 암세포가 되기도 한다.

어쨌든 유전자로 DNA를 이용하는 세포들도 종종 돌연변이를 만드는데, 한 개의 분자 실만으로 유전정보를 가지고 있는 RNA는 오죽할까? 복사하는 과정에서 엄청난 변이가 발생한다. 그 이유는 생물의 세포가 많아도 너무 많기 때문이다. 증식하는 도중 살아남은 바이러스 돌연변이는 새로운 단백질 구조를 가지고 있기 때문에 생물의 2차 면역체계에서 애써 학습한 기억이 소용없게 되어버린다.

돌연변이 바이러스가 우리 몸에 침투할 경우, 수상세포는 다시 유전정보를 학습해야 하고, B세포는 새로운 정보를 이용하여 돌연변이 바이러스 표면에 달라붙을 수 있는 새로운 항체를 만들어야 한다. 바이러스의 유전자가 DNA로만 구성되었다면 생각보다 돌연변이가 적게 발생했을 텐데 하는 아쉬움이 든다.

우리가 잘 알고 있는 인플루엔자(독감)는 내부에 RNA를 가진 바이러스이다. 이들은 변이가 쉽게 일어나기 때문에 매년 새로운 바이러스가 나타난다. 그래서 사람은 여러 가지 독감에 걸릴 수밖에 없다. 변이 정도가 크지 않은 것은 계절성 인플루엔자, 변이 정도가 매우 큰 것은 신종 인플루엔자라고 한다.

바이러스가 변이 하는 과정에 또 다른 형태가 있다. 사실 생물의 종류 그리고 세포의 종류에 따라 세포 표면의 수용체 분자 구조가 다르기 때문에 어떤 바이러스는 다른 종류의 생물을 감염시키지 못하는 경우가 있다. 그러나 애석하게도 많은 바이러스가 사람도 감염시키고 소도 돼지도 그리고 새들도 감염시킬 수 있다. 예를 들어 돼지의 세포는 사람의 바이러스나 새의 바이러스로도 감염될 수 있다. 만약 2종의 바이러스가 동시에 감염되면, 2종의 바이러스 유전정보가 섞이게 된다. 이렇게 섞인 유전정보로 복제된 바이러스가 생존할 경우, 새로운 바이러스가 탄생하는 것이다. 이러한 현상을 '재집합'이라고 한다.

미국 컬럼비아 대학 생물자원연구소 조사팀은 2009년 발생한 신종 인플루엔자(H1N1) 2009는 닭, 사람 그리고 돼지의 바이러스가 반복적으로 재집합 하여 생겨났다고 보고한 바 있다. 동물과 사람이 접촉하는 환경이라면 바이러스의 재집합이 언제든지 일어날 수 있다는 사실을 명심하고 이에 대한 대비를 갖추어야 한다. 바이러스는 너무 간단한 분자구조, 분자 간의 약한 결합력 그리고 엄청난 수의 감염될 수 있는 세포, 이들이 서로 맞물려 바이러스가 돌연변이할 확률이 커진다.

7-5 새로운 2차 방어선

아무리 주의를 기울이고 조심해도 바이러스의 침입을 완벽하게 막을 수 없다. 또한 바이러스가 세포에 침입해서 세포를 쑥대밭으로 만들고 다른 세포에 복제된 바이러스를 뿌리는 과정은 아무래도 고통스럽고, 심지어 제2차 방어에 의해 바이러스가 격퇴되기 전에 몸이 버티지 못하고 안타깝게 생명이 마감될 수도 있다. 바이러스의 구조, 세포 침입 그리고 복사하는 메커니즘을 이해하고 드디어 인류는 바이러스에 인위적인 2차 방어망을 구축하기 시작했다.

바이러스 감염을 예방하기 위한 방법 중 제일 효과적인 것은 백신(Vaccine) 접종이다. 백신의 역사는 생각보다 일찍 시작됐는데, 1976년 영국의 의사 에드워드 제너(Edward Jenner, 1749~1823)에 의해 실시됐다. 그 당시 영국은 치사율이 30%를 넘는 천연두가 유행하고 있었다. 천연두 바이러스에 의해 발병하는 천연두는 얼굴이나 손발을 중심으로 전신에 많은 발진을 일으키는 질병이다. 비록 완치되어도 발진의 자국이 남아 징그러운 질병이라고 인식되던 차였다. 어느 날, 제너는 소의 젖을 짜는 여성은 거의 천연두에 걸리지 않는다는 사실을 인식하게 됐다. 어떠한 특정 그룹이 특정한 규칙을 가지는 것을 알아내는 것이 의

학뿐만이 아니라 모든 과학의 기본이라 할 수 있다. 제너는 관찰과 기록으로 소젖을 짜는 특정 그룹이 특수한 형태, 즉 천연두에 걸린 확률이 극히 작다는 것을 과학적인 통계로 알아낸 것이다. 그는 그 원인을 조사하기 시작했다. 소도 천연두와 비슷한 증상을 가진 우두(牛痘)라는 병을 앓는다는 알아냈다.

그런데, 우두가 사람에게 감염되면 천연두에 비해 턱없이 그 증상이 가벼운 것이었다. 소젖을 짜는 여성들의 대부분이 이미 우두에 걸린 적이 있었다는 것도 알아낸 것이다. 제너는 일생일대의 실험을 시작했다. 우두에 걸린 여성의 고름을 제임스 필립스라는 소년에 접종한 것이다. 소년의 고름을 접종시킨 부위는 붓기는 했지만 며칠 동안 이렇다 할 증상은 일어나지 않았다.

몇 주 후 제너는 그 소년에게 진짜 천연두 환자의 고름을 접종시키는 실험을 단행했다. 시간이 많이 지나도 그 소년은 천연두에 걸리지 않았다고 한다. 지금의 시각으로는 매우 끔찍한 실험이었다. 사실 당시에는 지금의 관점에서 보면 매우 놀랄만한 실험도 시행되었는데, 그때의 의사들은 천연두 환자의 고름을 물에 희석해 독성을 약하게 하면 괜찮지 않을까 하는 생각으로 천연두 환자의 고름을 직접 접종하는 실험도 시행했다고 한다. 이 실험 대상자들 중 많은 사람들이 천연두에 걸린 것은 자명하다.

사실 바이러스가 생물의 세포에 침입했을 경우, 박테리아와 달리 어마어마하게 많은 자식 박테리아를 복제한다. 그래서 순식간에 많은 세포를 손상시킬 수 있는 것이다. 실제로 감염력이 강한 바이러스는 두 개 정도의 바이러스(비리온)가 점막세포에 침입되어도 바이러스에 감염될 수 있다. 인권이 보장되지 않은 옛날, 많은 사람들이 이렇게 어이없는 실험에 희생되기도 했다.

제너의 성공은 우두의 고름을 사람에게 접종하는 종두법을 시행하게 되었고, 당시 유행하던 천연두 환자수는 극적으로 감소하게 되었다. 1980년 WHO(World Health Organization)에 의해 천연두는 근절되었음이 선언되었고 지금은 사라진 질병이 되었다.

현재의 백신도 제너가 발견한 종두법과 근본적인 개념이 같다. 1881년, 프랑스의 생화학자이며 코흐와 함께 세균학의 아버지라 불린 루이 파스퇴르(Louis Pasteur, 1822~1895)는 '인공적으로 약한 병을 일부러 걸리게 해서 그와 비슷한 중한 병을 예방하는 것'을 백신(Vaccine)이라고 이름 붙였다. 이 이름은 암소를 나타내는 라틴어 'vacca'에서 유래한다. 파스퇴르가 왜 이러한 이름을 붙였는지 독자들은 단번에 이해할 것이다. 파스퇴르는 제너의 종두법이 백신의 시작이었다는 점에 존경을 표시한 것이었다.

파스퇴르는 제너의 방법을 더욱 발전시켰다. 질병의 원인이 되는 병원체를 일부러 배양하고, 독성 또는 병을 일으키는 특성이 저하된 변이를 만들어내는 것이었다. 그리고 그것을 인체에 접종하는 방법을 고안했다.

파스퇴르가 생각한 것처럼, 백신접종은 어디까지나 특정한 병원체에 의해 걸리는 병의 예방이다. 우리 몸의 2차 면역체계를 이용하여 증상이 약한 병원체, 특히 바이러스를 학습하고 항체를 만들어 내어 병원체를 제거한다. 한참 후에 큰 질병을 일으키는 동일한 병원체가 몸에 침입할 때, 이미 학습한 병원체이기 때문에 빠른 시간 내에 다량의 항체를 만들어내 바이러스를 격퇴한다.

이것이 바로 인류가 인위적으로 만들어낸 2차 면역체계의 본질이라 할 수 있다. 여기서 주의할 점은, 강력한 세포 파괴력을 가지고 있는 바이러스를 아무리 약하게 변이를 시키더라도 약한 병은 일으킬 수 있다는 것이다. 즉 약한 증상이 일어나는 과정이 사람에 따라선 큰 병(부작용)이 될 수도 있다는 것을 주지해야만 한다. 현재 부작용이 일어나지 않는 백신을 개발하기 위해 다양한 연구가 진행되고 있다. 예외 없는 법칙은 없다는 말이 있듯이 부작용이 전혀 없는 백신은 아직까지 존재하지 않는다는 것이 현재 의학계의 정설이다.

현재, 일반적으로 사용되는 백신은 크게 두 종류로 나눌 수 있다. 그중 하나는 생백신(생균백신) 그리고 다른 하나는 비활성화 백신이다. 생백신은 글자 그대로 병의 원인이 되는 병원체를 그대로 사용하는 것이다. 파스퇴르가 제시한 것과 같이 몇 번이고 배양을 반복하면서 증상이 가벼운 병원체를 만들어 백신으로 사용한다. 소아마비(폴리오), 풍진 그리고 홍역백신이 있다.

비활성화 백신은 포르말린과 같은 강력한 화학약품으로 병원체를 죽이거나 파괴한 후 일부의 단백질 구조만 꺼낸 것을 가리킨다. 인플루엔자나 일본뇌염 백신이 이에 해당한다. 이 외에도 병을 일으키는 독소만을 무독화시키는 것도 비활성화 백신의 범주에 해당한다.

예를 들어 파상풍은 파상풍균이 증식하는 과정에서 발생하는 독소가 신경에 작용하고, 병이 깊어질 때 온몸에 경련을 일으키며 죽음이 이를 수 있는 병이다. 이처럼 균 자체보다 독소가 병의 원인이 되는 병원체는 그 독소를 화학 처리해서 무독화한 후 백신으로 사용하는 경우도 있다.

7-6 방어가 아닌 공격

아무리 철저한 예방에도 병원체에 감염되는 사람이 있다. 부주의 또는 피치 못한 접촉에 의해 감염된 사람은 치료를 해야 한다. 바이러스에 감염되어 심하게 앓고 있는 사람에게 백신 접종은 거의 효과가 없을 수밖에 없다. 수 일이 소요되는 2차 면역체계가 발동하기 전에 인체의 수많은 세포는 바이러스 생산의 재료가 되어 죽기 때문이다. 그러므로 일단 바이러스에 감염되었을 경우는 치료에 나서야 한다. 바이러스 치료제를 투약해야 하는데 이러한 바이러스 치료제에도 물질의 결합원리가 숨어있다. 잘 알려진 치료제는 어떠한 방법으로 개발되었는지 살펴보자.

예전에 신형 인플루엔자가 유행되었을 때, 감염된 환자를 '자나미비르' 또는 '타미플루'라는 약으로 치료하였다. 이러한 치료제는 인플루엔자 바이러스 구조의 특성을 이해하고 물질 간의 결합을 변화시키는 방법으로 개발한 것이다.

독감의 원인인 인플루엔자는 바이러스 표면에 헤마글루티닌(Hemaglutinine)과 뉴라미니다아제(Neuraminidase)를 가지고 있다. 이 두 개 단백질은 바이러스가 번식하는 데 필수적인 것이다.

헤마글루티닌(Hemaglutinine)은 바이러스가 숙주세포의 수용체에 달라붙어 세포 이입을 가능하게 하는 단백질이다. 바로 바이러스가 숙주 세포의 입구를 열 수 있는 가짜 열쇠인 셈이다.

뉴라미니다아제(Neuraminidase)는 바꾸어 말하면 뉴라민 분해 효소를 의미한다. 침투한 바이러스가 분해되고 그 유전 정보를 근거로 세포의 물질을 사용해 복제된 바이러스가 세포 밖으로 배출되는 과정, 즉 출아 시 바이러스 표면의 뉴라민을 끊는데 필요한 효소이다. 세포내부에서 복제된 바이러스는 바이러스와 바이러스끼리 뉴라민으로 길게 연결되어 있다.

이렇게 바이러스가 실타래처럼 길게 꿰어 있는 상태로는 애써 복제된 바이러스가 세포밖으로 나갈 수가 없다. 즉 이때 뉴라미니다아제(Neuraminidase)는 바이러스끼리 연결된 상태를 끊는 효소 즉 유전가위이다. 인플루엔자 바이러스의 표면은 이렇게 세포 내로 침입하기 위한 단백질과 증식 후 복제된 바이러스가 줄줄이 이어진 상태를 분리하는 단백질로 구성되어 있다. 즉 세포 내로 들어갈 때와 나올 때 필요한 단백질이다.

2009년 신형 인플루엔자 A(신종 플루)가 맹위를 떨쳐 전 세계를 공포에 떨게 했다. 이 신종 인플루엔자는 A형 인플루엔자 바이러스 H1N1 아형(Influenza A virus subtype, H1N1)으로 구분된다. 그 외에도 많은 인플루엔자들은 H2N2, H3N2, H5N1 또는 H7N9 등으로 다양하게 표기된다. 영민한 독자들은 알아차렸을 것이다. 그렇다. 이는 바이러스 표면의 헤마글루티닌 그리고 뉴라미니다아제의 형태와 구조로 구분하는 것이다. 인플루엔자는 돌연변이가 일어난 경우, 헤마글루티닌(Hemaglutinine)과 뉴라미니다아제(Neuraminidase)의 단백질 구조가 변화된다. 그래서 새로운 바이러스가 나타나는 것이다. 실제 H1N1 바이러스는 1918년 수백만 명이 사망한 스페인 독감과 COVID-19 바이러스 발생 이전 2009년에 유행했던 신형 인플루엔자 바이러스의 대표적인 형태인 것이다.

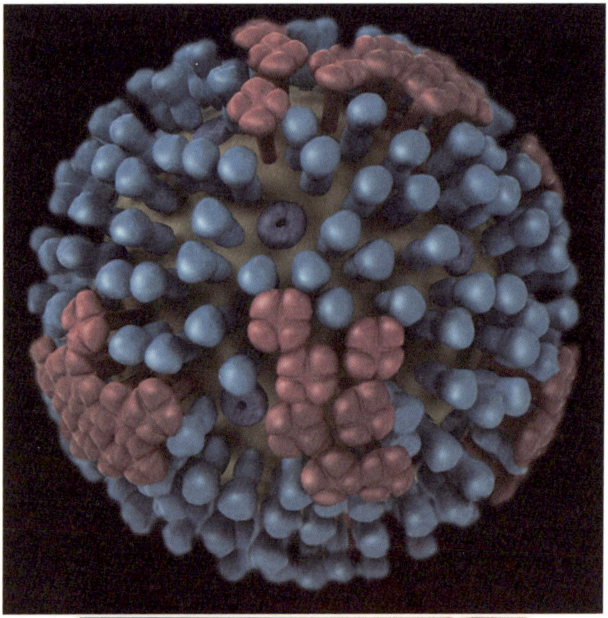

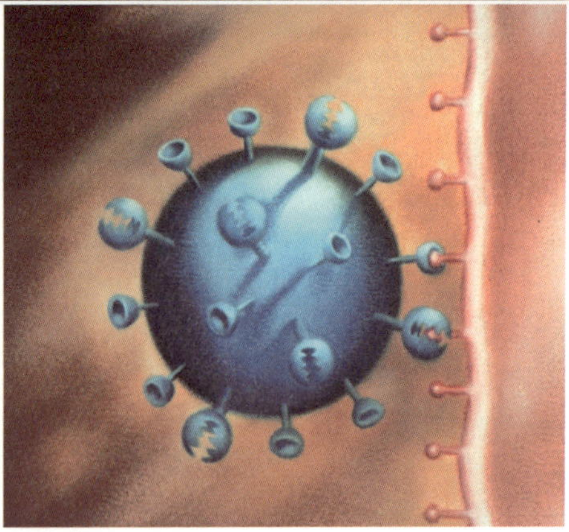

위: 바이러스 표면의 헤마글루티닌(파란색)과 뉴라미니다제(빨간색) 단백질을 보여주는 인플루엔자 바이러스의 이미지. 그림 출처: 미국 질병통제예방센터(CDC),국립면역 호흡기질환센터(NCIRD). 아래: 인플루엔자 바이러스 표면의 헤마글루티닌의 역할을 표현한 그림, 헤마글루티닌은 세포표면의 수용체와 결합하는 순간을 보여준다. 그림 출처: By CSIRO, https://commons.wikimedia.org/w/index.php?curid=35437407

인플루엔자 바이러스에 감염된 사람들에게 예방을 위한 백신 접종은 의미가 없기 때문에 치료제가 투입되어야 한다고 언급한 바 있다. 신형 인플루엔자의 치료를 위해 두 가지의 약품이 개발되었는데, 독자들도 들어봤을 타미플루(Tamiflu)와 자나미비르(Zanamivir)란 약이다.

타미플루(Tamiflu)는 미국의 길리어드 사이언시스(Gilead Sciences) 사에서 1996년 재미 한국인 화학자인 김정은이 포함된 팀에 의해 개발되었고 스위스의 호프만 라 로슈(Hoffmann-La Roche) 사가 세계적으로 판매하고 있는 인플루엔자 바이러스에 대한 치료제이다.

자나미비르(Zanamivir)는 호주 생명공학 회사인 Biota Holdings에서 개발하였고, A형 인플루엔자 바이러스와 B형 인플루엔자 바이러스 감염을 치료하고 예방하는 데도 사용되는 약품이고 상품명은 릴렌자(Relenza)로 판매되고 있다.

이 두 약품 모두 뉴라민 분해효소인 뉴라미니다제의 반응을 억제하는 효과를 가지고 있다. 즉 인플루엔자 바이러스가 세포 안에 침입해 수천 개의 자식 바이러스를 증식하더라도 뉴라민 분해효소가 작용을 못하기 때문에, 진주 목걸이같이 연결된 바이러스가 개별 바이러스로 분리되지 못한다. 결과적으로 비록 세포에 침입할 수 있더라도 세포 밖으로 나가지 못하게 된다. 결국 내부에 바이러스를 대량으로 품고 있는 감염된 세포는 호중구, 킬러 T세포 그리고 대식세포와 같은 1차 면역체계에 의해 산산이 분해되고야 만다. 일부의 세포들은 비록 감염되었지만 뉴라미니다제 억제효과를 가지는 약품의 도움으로 대량으로 증식된 새로운 바이러스가 다른 건강한 세포들을 공격하지 못하게 하는 것이다. 그래서 이러한 치료제는 바이러스 감염 후 빨리 투여해야 한다. 투여가 늦을 경우, 많은 세포가 바이러스에 의해 공격받은 후이기 때문에 인체를 포함한 숙주의 세포의 많은 부분이 이미 파괴되었기 때문이다.

크릭과 왓슨이 유전자인 DNA의 발견으로 생물 연구 분야는 분자화학의 도움을 받아 분자생물학이란 영역을 개척하기 시작했다. 사실 크릭과 왓슨이 이중 나선 구조를 가진 DNA를 발견했을 때, 제일 큰 영감을 받은 것은 수소결합(반데르 발스 결합의 일종, 금속, 이온 그리고 공유결합보다 약한 전기적 결합)이 유전자를 서로 결합시킨다는 것을 알아냈기 때문이다. 생물의 세포는 다양한 고분자들이 수소결합과 같은 물리적 결합으로 연결되어 있다. 이러한 결합은 세포를 비롯한 모든 물질의 구조를 결정하고, 이러한 결합이 바뀌었을 때는 물질이 변하고 특성도 당연히 변하게 된다. 즉 모든 화학반응을 포함한 모든 물질의 변화는 원자와 원자 또는 원자와 분자 그리고 분자와 분자의 결합이 변한다는 것에 원인이 있다. 바이러스의 원자 및 분자구조를 정확하게 알아낸 과학자들은 그 구조간의 결합을 바꾸는 방법을 알아내어 바이러스 치료제를 만들어낸 것이다.

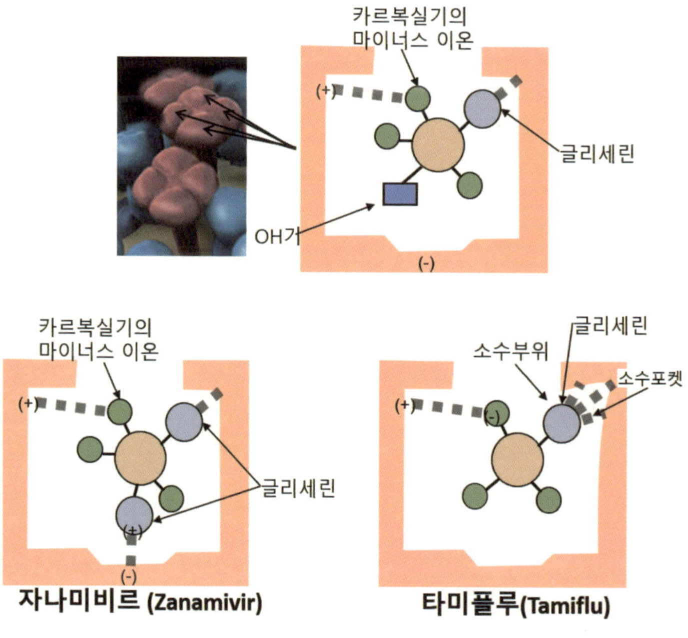

인플루엔자 바이러스 포면의 뉴라미니디아제(Neuraminidase), 4잎 클로버와 같이 생긴 것이 뉴라미니디아제, 즉 뉴라민 분해효소이다. 오른 쪽은 뉴라민 분해효소의 분자구조를 간단하게 나타내었다. 단백질 외벽 내부에 글리세린, 카르복실기, OH기가 약한 전기적 힘으로 결합되어있다. 세포내의 물이 이 구조에 접하게 될 경우 뉴라민을 분해한다. 왼쪽 아래: 자나미비르를 복용했을 경우, 바이러스 내부의 OH기가 글리세린 분자로 대체된다. 분자구조가 바뀌어 더 이상 뉴라민을 분해하지 못한다. 오른쪽 아래: 타미플루를 복용했을 경우 카르복실기와 글리세린 분자가 단백질막에 강하게 들러붙으면서 물분자와 만나는 것을 싫어하게 된다. 소수란 물을 싫어한다는 것을 의미한다.

수용체와 결합하여 세포를 착각하게 하는 헤마글루티닌(Hemaglutinine)을 무력화시키기 위해 2차 면역체계의 B세포는 항체를 만들어낸다. 항체가 헤마글루티닌과 결합하는 힘은 세포 수용체와 헤마글루티닌이 결합하는 힘보다 매우 크다.

또한 뉴라미니다제 저해약품은 바이러스의 뉴라민 분해를 저지하도록 단백질 내에 카르복실기와 글리세린을 세게 결합시켜, 세포 내에 침입한 바이러스가 만들어낸 대량의 복제 바이러스를 세포 내에 가두어 버리는 화학약품이다. 즉 이들은 물질 간의 결합에너지와 물질의 결합상태를 변화시켜 바이러스를 물리친다.

자연은 약육강식의 세계, 물질의 세계는 강한 물질 결합이 약한 물질 결합을 이기는 세계, 원자 또는 분자 간 결합력이 강한 쪽이 지배하는 세계이다. 이러한 원리는 병원체의 예방과 치료를 위한 물질 개발에 매우 중요한 근거가 된다.

맺음말

책을 쓴다는 것은 오묘하다. 전작 모던알키미스트에 이어 이번 네오알키미스트를 집필하는 과정은 힘들었다는 것보다는 재미있었다는 느낌이 더 컸다. 전작을 읽은 사람들은 대개 나름 재미있었다는 평을 해주었다. 사실 가까운 지인이라 명색이 과학자인 나는 그들의 평을 100% 믿을 수는 없는 노릇이었다. 그런데, 어느 날 국내 글지의 교양과학 월간지 과학동아의 이영혜 편집장의 전화가 온 것이었다. 전작을 읽었더니 재미있었고, 이러한 서술로 재료 특히 금속의 개발에 관한 초 금속 시리즈를 6개월 동안 연재하고 싶다는 내용이었다. 지인과 동료들에 의한 것이 아닌 전문기자의 평이어서 자신감도 생겼다. 6개월의 연재

끝에 이영혜 편집장은 과학동아에 연재한 내용을 확대해서 책을 써도 괜찮을 것 같다는 덕담을 해주었다. 덕담을 진담으로 알아들은 나는 내용을 정비하고 살을 붙여 드디어 책을 완성하게 되었다. 아는 지식을 더 정확하게 정리하고 다시 확인하는 과정에서 또 새로운 지식을 알게 해 준 이영혜 편집장에게 감사드린다.

이영혜 편집장과 더불어 어떻게 학생과 일반인에게 과학의 재미를 전파시킬까 고민하던 변지민 전 과학동아 편집장도 아울러 감사의 인사를 전하고 싶다. 지금은 다른 신문사로 직장을 옮겼지만 새로운 세계에서도 재미있게 생활하리라 믿는다. 현 직장이 재료를 전공한 사람이 너무 많은 곳이라 책에 쓴 내용을 정확하게 감수하는 데는 어려움이 없었다.

순수 물리를 전공한 최은애 박사는 문장 하나하나 들여다보고 육하원칙과 왜 이러한 일이 일어났는가를 끊임없이 질문했다. 이 책이 과학적 서술과 원리에 충실하게 작성된 것은 전적으로 그녀의 공이다. 바쁜 시간에 내용을 간략하게 정리하고 단어와 어순을 꼼꼼히 손봐준 윤정흠 박사도 숨은 공로자 중의 한 사람이다. 같이 논문을 쓸 때, 글 쓰는 스타일이 달라 배가 산으로 달린 경우도 있었지만 단어와 문장을 교정 보는 것은 단연코 그가 나보다 한수 위였다.

그리고 초 탄성에 관한 장에서 사진 출연한 박찬희 박사에게도 고마움을 전하고 싶다. 선천적으로 미남이라 반 강제적으로 책에 얼굴사진을 넣겠다고 통보했더니 체념한 듯 승낙했다. 그도 이 책을 검토하면서 정말 재미있었다고 말해주었는데, 선배라서 그런 말을 한 것인지 진짜인지는 아직도 알 수가 없다.

책 읽는 것을 좋아하는 임창동 박사도 내가 아끼는 후배 중의 한 사람인데, 초고를 건네자 몇 시간 후 내게 전화를 해서 매우 재미있었다고 말해주었다. 읽는 데 세 시간이 걸렸다는 말과 더 내용을 늘리게 되면 읽기 힘들어질 수 있다는 조언도 해주어, 하마터면 내용보다는 페이지 수로 승부를 거는 우를 막아주었다.

자성 분야의 이정구 박사와 김태훈 박사에도 감사드린다. 모자를 즐겨 쓰는 김태훈 박사는 개발한 자석이 얼마나 강력한 지 시연한 사진을 제공했는데, 본인의 얼굴이 책에 나오는 것은 국구 사양해서 조금은 아쉬운 생각이 든다.

이우철 박사는 교정 전문가이다. 원자력 안전 분야가 전공인 그는 글과 그 쓰임이 다를 때 큰일이 벌어질 수 있다는 것을 잘 알고 있기에 꼼꼼하게 글을 교정 봐주었다. 전작을 이 친구에게 교정 보게 했더라면 매우 깔끔한 글이 되었을 것이라 역시 아쉬움을 남게 한 인물이다.

아는 지식을 강의하는 것과 글을 남기는 것은 다르다는 것을 깨닫게 해준 '몰입아카데미' 대표 황농문 교수님에게도 감사를 전한다. 그는 내 연구결과를 언제나 재미있게 들어주셨고 기꺼이 시간을 내어 토론해 주셨다. 책을 내는 데도그 분의 조언이 많은 도움이 되어 감사드린다.

대한 금속재료학회 이재현 회장님에게도 감사드린다. 원체 일이 많으신 분이라 원고를 계속 읽어 달라 간청드렸다. 그럴 때마다 피곤한 와중에도 조금씩 읽고 재미있다는 말을 해주셨는데, 역시 친한 분이라 어느 정도 재미가 있었을까 하는 의문이 든다. 역시 감사드린다.

텍사스대 달라스캠퍼스의 김문제 교수님과 김선에스더 작가님에도 감사드린다. 텍사스로 출장 때 만난 김 문제 교수님은 재료의 미세조직이 예술의 경지까지 이를 수 있다는 것을 보여주셨고 이 책을 풍성하게 하는데 도움이 되는 데이터를 제공하셨다.

김선에스더 작가님은 아나운서 경험과 작가로서의 글쓰기 방법을 일깨워준 분이다. 부부인 두 분을 만나게 되어 공동연구도 할 수 있게 되었고 책도 쓸 수 있게 되었다. 매우 감사드린다.

책을 작성하면서, 여러 도움 말씀을 주신 재료연구원 이정환 원장님, 나영상 연구소장, 유영수 단장 그리고 우리 팀에서 불철주야 연구에 매진하고 있는 안지혁, 이상진, 노정영, 박준상, 김두원 그리고 김상민 씨와 정일석 박시에게도 감사한다. 초고를 읽고 느낀 점과 어떤 부분이 더 알고 싶다는 의견을 제시해서 책의 내용을 풍부하게 하는데 도움을 주었고 이에 감사를 드린다.

책을 출판하는데 완벽한 지원을 해준 S&M 미디어 배장호 사장님, 김도연 국장, 방정환 기자님 그리고 황병성 센터장님에게도 감사를 드린다.

끝으로 사랑하는 나의 가족, 영희, 수민 그리고 수연에게 고마움을 전한다. 일에 몰두하여 가정에게 소홀한 나에게 오히려 더욱 시간을 배려한 가족들은 내가 좋아하는 일들을 더 좋아하게 만들었다. 앞으로도 건강하고 하고 싶은 일과 목표로 하는 일들이 원하는 대로 이루어지길 바란다.

참고도서 및 읽어볼 문헌

- 한승전, '모던알키미스트'S&M미디어(주), 2021
- Sakurai Hiroyoshi, '원소는 어떻게 생겼는가', PHP Science world, 074, 2013
- 중앙대학교 에너지시스템공학부 편저, 원자력지식충전소, 두산동아, 2014
- Takeo Samoki, Hiroshi Ukita, '어른이 알고 싶은 물리의 상식', Science-i,
- 이 강영, '신의 입자를 찾는 사람들 LHC, 현재 물리학의 최전선', 사이언스북스, 20112015
- 무로오카 요시히로, '전기란 무엇인가', 전파과학사, 1995

- Hiroshi Sekimoto, '이공계를 위한 원자력의 의문 62', Science-i, 2013
- 스티브 세인킨, '원자폭탄', 작은길, 2014
- 요시자와 야스카즈, '원소란 무엇인가', 전파과학사, 2018
- Yamada Katusya, '빛과 전기의 메카니즘, Blue backs, 고단샤, 1999
- 조너선 페터볼, '트리니티: 신의 불을 훔친 인류 최초의 핵실험', 서해문집, 2013
- 리처드 로즈, '원자폭탄 만들기', 사이언스북스, 2003
- 김 문제, https://magazine.utdallas.edu/2017/07/03/professo r-grad-students-create-microscopic-stars-and-stripes/
- 고토 겐이치, '플라즈마의 세계', 전파과학사, 1991
- LIVESCIENCE, 'Hottest Particle Soup May Reveal Secrets of Primordial Universe', https://www.livescience.com
- CERNCOURIER, 'The proton laid bare', https://cerncourier.com
- 로베르트 융크, '천 개의 태양보다 밝은', 다산사이언스, 2018

•공공인문학포럼, '잡학콘서트 핵, 과학이 만든 괴물', 스타북스, 2016
•마이티 응우옌 킴, '세상은 온통 화학이야', 한국경제신문사, 2019
•빌 브라이슨, '거의 모든 것의 역사', 까치, 2020
•하시모토 히로시, '하룻밤에 읽는 과학사', 랜덤하우스코리아, 2005
•이 필렬, '과학 우리시대의 교양', 세종서적, 2004
•일본 화학회, '화학사, 상식을 다시보다', 전파과학사, 1993
•제럴드 폴락, '물의 과학', 동아시아, 2018
•우에노 게이헤이, '화학반응은 왜 일어나는가', 전파과학사, 1994
•존 콘웰, '히틀러의 과학자들', 크리에디트, 2008
•Eric Chaline, 광물, 역사를 바꾸다, 예경, 2013
•E.M.사비츠키 외, '금속이란 무엇인가, 전파과학사, 1994
•서울대학교 자연대 교수외, '과학 그 위대한 호기심', 궁리, 2002
•LG화학 공식블로그, LG케미토피아, https://blog.lgchem.com
•유용원의 군사세계, https://bemil.chosun.com

- 과학기술부 블로그, https://m.blog.naver.com/PostList.naver?blogId=with_msip
- KOFC, 사이언스타임즈, https://www.sciencetimes.co.kr
- 곽영직, '양자역학으로 이해하는 원자의 세계', 지프레인, 2016
- 사키가와 노리유키, '새로운 화학', 전파과학사, 2005
- 권오준, '철을 보니 세상이 보인다', 페로타임즈, 2020
- Matsumoto Yoshiyasu, '분자레벨에서 본 촉매의 거동', Blue backs, 고단샤, 2015
- Katushiro Saito, '알려지지 않은 철의 과학, Science-i, 2016
- Nagata Kazuhiro, '인간은 어떻게 철을 만들었을까', Blue backs, 고단샤, 2017
- Matsumoto Tsuyoshi 감수, '금속 뭐든지 소사전', Blue backs, 고단샤, 1997
- 동북대학금속재료연구소 편저, '금속재료의 최전선', Blue backs, 고단샤, 2009
- Saito Katsuhiro, '더러움의 과학, Science-i, 2018
- Satoshi Ikuta, '바이러스와 감염의 구조, Science-i, 2013
- 우에노 케이헤이, '우리 주변의 화학물질, 전파과학사, 2019

• 한국재료연구원, 소재백서, 2020
• 앤 드루얀, 코스모스, 사이언스북스, 2020
• 제임스 왓슨, '이중나선', 궁리출판, 2006
• Aexey Solodovnikov and Valeria Arkhipova, https://www.ncbi.nlm.nih.gov/pmc/articles/PMC7489918
• Aexey Solodovnikov and Valeria, Arkhipova, https://www.ncbi.nlm.nih.gov/pmc/articles/PMC7098027
• Aexey Solodovnikov and Valeria, Arkhipova, https://www.ncbi.nlm.nih.gov/pmc/articles/PMC7605623
• Takeshi Noda et. al., PloS PATHOGENS, DOI: 0.1371/journal.ppat.0020099.g001
• CSIRO, https://commons.wikimedia.org/w/index.php?curid=35437407

네오알키미스트
| 새로운 물질을 창조하는 과학적 원리 |

초판 1쇄 인쇄 2023년 12월 10일
초판 1쇄 발간 2023년 12월 15일

저자 | 한승전
발행인 | 배장호
발행처 | ESG교육평가원, S&M미디어
주소 | 서울시 서초구 명달로 120번지 S&M빌딩 5~7층
전화 | 02) 583-4161
팩스 | 02) 584-4161
홈페이지 | www.snmnews.com
등록 | 1996년 6월 10일, 제6-1318호

가격 18,000원
ISBN 978-89-89069-98-0